窑洞民居结构力学性能分析及加固保护技术研究

张风亮　田鹏刚　朱武卫　杨　焜　胡晓锋　范丹舸　著

中国建筑工业出版社

图书在版编目（CIP）数据

窑洞民居结构力学性能分析及加固保护技术研究/张风亮等著. —北京：中国建筑工业出版社，2020.5
ISBN 978-7-112-25183-4

Ⅰ．①窑… Ⅱ．①张… Ⅲ．①窑洞-民居-结构力学-研究②窑洞-民居-加固-研究 Ⅳ.①TU929

中国版本图书馆 CIP 数据核字（2020）第 086839 号

本书主要内容包括：绪论，窑洞民居及其营建技艺研究，黄土窑洞病害原因分析及保护策略，砖、石独立式窑洞病害类型及原因分析，黄土窑洞受力机理及几何参数敏感性分析，基于强度折减法的黄土窑洞稳定性分析，砖、石独立式窑洞受力机理及几何参数敏感性分析，窑洞建筑加固技术研究。

本书融入了作者多个课题的研究、实践总结，数据翔实可靠，分析客观、敏锐，对于黄土高原地区传统民居尤其是窑洞建筑的保护研究具有较高的实用价值，可供建设主管单位、高校、科研院所、设计、施工单位相关技术人员及科研工作者参考使用。

责任编辑：王华月　杨　杰
责任校对：李美娜

窑洞民居结构力学性能分析及加固保护技术研究

张风亮　田鹏刚　朱武卫　杨　焜　胡晓锋　范丹舸　著

*

中国建筑工业出版社出版、发行（北京海淀三里河路 9 号）
各地新华书店、建筑书店经销
霸州市顺浩图文科技发展有限公司制版
北京建筑工业印刷厂印刷

*

开本：787×1092 毫米　1/16　印张：7¼　字数：178 千字
2020 年 10 月第一版　2020 年 10 月第一次印刷
定价：**58.00** 元
ISBN 978-7-112-25183-4
（35937）

前　　言

中国有五大传统民居建筑类型，它们之间各不相同但均有自己的特色。作为黄土高原的产物，窑洞建筑在我国中西部地区的千沟万壑中可谓是随处可见，它们或傍山而建，或平地而箍，或沉入地下，构成了一种独特的地理风貌。窑洞建筑作为黄土高原地区农耕文化发展中轨迹性的典型传统民居，是一种冬暖夏凉、绿色、环保、无污染、低能耗的绿色生态建筑，它是在黄土高原特殊的地貌、水文、气候及传统古文化等多种因素作用下，经过数千年的发展演变逐渐完成并定型的，在巧妙地利用和顺应自然环境方面是很好的启示。

几百年来，窑洞建筑长期受自然环境风化侵蚀与窑顶渗水受潮及干燥的反复作用，再加上人为的破坏以及保护不够重视，使得窑洞建筑处于土体松动、节理遍布、渗水漏雨、接口开裂、局部坍塌、承载力不足等多种病害缠身的复杂受力状态，甚至有的窑洞处于即将坍塌的危险状态。近年来，随着国家对传统民居保护的高度重视，尤其是2013年以来，国家实施"精准扶贫""高烈度区农房抗震改造"的重大战略，急需对黄土高原地区具有民族地域特色、使用量大、覆盖面广、人文和历史价值高以及部分蕴含着红色革命基因但结构性能差的典型传统民居窑洞建筑进行安全评估及延寿加固保护。

本书主要通过陕西省建筑科学研究院有限公司"传统民居结构安全性能评估与保护"科研团队前期对陕西、山西等5省份的38个县区、260个自然村、4000多户窑居进行的大量调研，结合数值模拟、理论分析及工程实践，开展了窑洞民居结构力学性能分析及加固保护技术研究，掌握了窑洞建筑的病害类型、病害原因、受力机理及传力机制，提出了窑洞建筑的加固设计方法，条理清晰，逻辑合理，内容全面，由浅入深，为全面有效地提升窑洞建筑的抗灾变能力，达到建筑超长延寿、久远传承的目的提供技术保障。

本书共分8章，主要内容包括：绪论，窑洞民居及其营建技艺，黄土窑洞病害原因分析及保护策略，砖、石独立式窑洞病害类型及原因分析，黄土窑洞受力机理及几何参数敏感性分析，基于强度折减法的黄土窑洞稳定性分析，砖、石独立式窑洞受力机理及几何参数敏感性分析，窑洞建筑加固技术研究。

本书由陕西省建筑科学研究院有限公司张风亮、田鹏刚、杨焜、胡晓锋、范丹舸共同执笔撰写；由张风亮统稿并校阅全书。现场调查工作由西安建筑科技大学赵湘璧、刘帅、潘文斌、周庚敏、周汉亮、刘栩豪，中国建筑西北设计研究院有限公司刘钊共同完成。书中反映了作者及项目组全程成员的研究成果。本书能得以顺利完成，还要感谢西安建筑科技大学周铁钢教授、薛建阳教授在研究过程中给予的建设性意见。本书作者向参与本课题的研究成员表示深切的谢意。

本书在编写过程中，参考了大量的国内外文献、同类教材和著作，在此一并致谢。

希望本书能为读者的学习和工作提供帮助，尤其是为传统民居保护的管理人员和技术人员提供指导性意见。限于作者水平，书中难免存在不妥之处，敬请同行、专家及广大读者批评指正。

目　　录

第1章

绪 论

1.1　研究背景

　　窑洞建筑是中国西北黄土高原地区一种典型的传统民居，它的妥善保护与传承对于解决我国当前能源、环境问题具有重大的现实意义，是有效落实党中央"精准扶贫""脱贫攻坚"政策的直接体现。几百年来，窑洞建筑长期受自然环境风化侵蚀与窑顶渗水受潮及干燥的反复作用，再加上人为的破坏以及保护不够重视，使得窑洞建筑处于土体松动、节理遍布、渗水漏雨、接口开裂、局部坍塌、承载力不足等多种病害缠身的复杂受力状态，甚至有的窑洞处于即将坍塌的危险状态。近年来，随着国家对传统民居保护的高度重视，再加上2013年以来，国家实施"精准扶贫""高烈度区农房抗震改造"的重大战略，急需对黄土高原地区具有民族地域特色、使用量大、覆盖面广、人文和历史价值高以及部分蕴含着红色革命基因但结构性能差的典型传统民居窑洞建筑进行安全评估及延寿加固保护。为此，陕西省建筑科学研究院有限公司"传统民居结构安全性能评估与保护"科研团队通过开展窑洞民居结构力学性能分析及加固保护技术研究，掌握窑洞建筑的病害类型、病害原因、受力机理及传力机制，建立窑洞建筑的加固设计方法，全面有效地提升窑洞建筑的抗灾变能力，达到超长延寿、久远传承的目的。

图 1-1　靠山窑　　　　　　　　　图 1-2　地坑窑　　　　　　　　图 1-3　独立式箍窑

1.2　窑洞建筑的发展历史及现状

1.2.1　黄土高原地区窑洞建筑的历史

　　窑洞的历史可追溯到五千多年前的龙山文化时期，其分布和使用范围十分广泛，考古学者曾在陕西横山县发掘了多处龙山时期的古窑洞[1-1]。历史的进程中，诸多的建筑形式不断出现，窑洞建筑一直备受青睐且被各朝代沿用至今，同期不同类型的窑洞建筑也随之出现，大体上可分为靠崖式（图1-1）、下沉式（图1-2）和独立式（图1-3）。靠崖式窑洞主要分布于陕北、晋中、宁夏、豫西、河北、陇东等地区；独立式窑洞主要分布于陕北、晋中、宁夏等地区；下沉式窑洞主要分布于豫西、陇东、陕西渭北、山西运城等地区。明末清初时期，窑洞建筑曾发展至顶峰，至今在陕西、山西、河南等地仍有保存完好、规模宏大的窑洞建筑群。如河南省三门峡市陕县的生土窑居聚落—天井地坑院，距今已有约4000年的历史，且现今仍有部分居民生活在窑洞建筑之中；在陕西省三原县也保存有少数完好的生态地坑院，在国家政策的支持下进行了加固保护，开发为当地特色旅游景点；抗日战争及解放战争时期，黄土窑洞曾以自己焦黄的身躯抵挡敌人无数次的轰炸，保护了人民的希望。据文献[1-2]记载，在广袤的黄土高原地区，仍有约四千万的人民居住在各类窑洞建筑之中，它的妥善保护与传承具有重要的历史文化价值和现实意义。

1.2.2 窑洞建筑现状

《重建三圣庙碑记》中记载"康熙三十四年四月初六戌时地震，前后各庙尽行倒塌"，记录了1695年山西临汾发生8级地震，临汾县的龙祠公社晋棠村窑洞建筑毁坏情况[1-3]。1920年，宁夏固原县和海原县发生8.5级特大地震（震中位置：36.5°N，105.7°E，震中烈度12度，震源深度17km），造成大量窑居建筑毁坏，多数破坏形态为窑脸级窑洞前半段土体坍塌。1927年，甘肃省古浪县的水峡口一带发生8级大地震（震中位置：37.6°N，102.8°E，震中烈度11度），造成极震区内的窑洞全部坍塌，全县死伤逾40000人。1970年宁夏西吉县发生5.7级地震，处于7度区内的黄土窑洞42%发生倒塌、14%发生破坏、13%轻微损坏[1-4]。1976年，内蒙古和林格尔县发生6.3级地震，造成6度、7度、8度区等21个居民点的黄土窑洞发生中等程度及严重破坏，其中7度和8度区发生破坏的窑洞分别占48.1%和68%[1-4]。1982年，宁夏海源再次发生5.7级地震，造成647孔窑洞倒塌，790孔窑洞发生严重开裂[1-5]。1990年，甘肃古浪再次发生6.2级地震，新堡、干城两乡约24289人全部受灾，约1519孔黄土窑洞发生坍塌破坏。2015年，甘肃临兆县发生4.5级地震（震中位置：35.4°N，104.0°E，震源深度9km），部分窑洞建筑发生破坏并导致数名人员死亡[1-6]。

图1-4 窑洞建筑典型病害

由于窑洞建筑以黄土体为建筑材料，直接暴露于大自然中，很容易受到外界环境的影响，在漫长的历史岁月中，土体材料的风化、雨水冲刷以及各种各样的外在破坏力使得现存黄土窑洞处于结构体系破坏、多种病害缠身、险情不断发展甚至潜伏坍塌的危险状态（图 1-4）。每年春秋季节发生的窑毁灾害非常频繁，造成巨大的生命财产损失，仅 2003 年秋季陕西省就因连绵阴雨造成 15 万孔窑洞倒塌，使 20 万窑洞居民沦为灾民[1-7]；2013 年 7 月份，陕西省延安市罕见的持续降雨，雨水沿洞室上覆结构裂缝入渗，引起土层的强烈胀缩，物理、力学性质发生明显改变，导致洞室结构塌方失稳，局部甚至出现通天型塌方。其中，延安市倒塌房窑 4.3 万多间（孔），严重损毁 9.4 万多间（孔），152.8 万人次受灾，疏散转移民众 74.6 万人，集中安置群众 21.8 万人，因灾死亡 42 人，受伤 133 人，直接经济损失 91.1 亿元[1-8]；2015 年 7 月，陕西省榆林市子洲县特大暴雨，导致 1.6 万孔窑洞严重受损[1-9]。这些惨痛的教训足以引起我们的重视。

1.3　研究意义

传统民居是集中体现一个民族生存智慧、建造技艺、社会伦理和审美意识等最丰富、最集中的载体。中国传统民居因各地气候、地理环境、资源、文化的差异形成了异彩纷呈、丰富多样的建筑形式，具有强烈的地域和民族特征，生动地反映了人与自然和谐共生的关系，是建筑文化遗产的核心，是中华民族的瑰宝和民间智慧的结晶，凝聚着民族文化的精髓，蕴含着中华文明的基因。同时，传统民居的合理开发利用对当地文化建设、经济发展具有重要的促进作用。近年来，随着可持续发展和绿色建筑理念的兴起，国家出台了一系列的传统民居保护政策和文件，鼓励相关地区积极参与丝绸之路经济带的建设，努力实现传统民居保护与经济社会发展的有机融合。2013 年 12 月，住房和城乡建设部启动了中国传统民居调查工作，并撰写发行了《中国传统民居类型全集》，目前《中国传统民居结构体系》正在起草。2015 年中央一号文件着重强调做好中国传统村落保护工作，明确了完善传统村落名录和开展传统民居调查、落实传统村落和民居保护规划等要求。2015 年 6 月，住房和城乡建设部、文化部、财政部等七部委联合下发了《关于切实加强中国传统村落保护的指导意见》。国家颁布的一系列关于传统民居保护方面的文件充分表明，保护好我国的传统民居、弘扬优秀民族传统文化已经成为全国人民的共同愿望，成为党和政府不可动摇的坚强意志。可见，妥善保护与传承既有传统民居，使之尽可能久远地保存和流传下去，既是我们义不容辞的历史责任和光荣使命，也符合国家发展规划的要求，具有重要的科学意义和社会价值。同时，它的合理应用对于解决我国当前能源、环境问题，都具有重大的现实意义。

基于窑洞建筑的离散性和特殊性，安全性鉴定评估难度和修复工作量都较大。由于历史原因，我国在既有窑洞建筑结构安全性评估指标、评估技术和评估标准、既有窑洞建筑结构耐久性和修缮维护技术等方面研究较少，技术落后，往往是"头痛医头，脚痛医脚"，抢救性加固处理研究较多，而对既有窑洞建筑的整体与局部灾变机理、损伤破坏机制及延寿保护理论研究较少，以致对大多数具有绿色价值的窑洞建筑的健康状况、安全水平和耐久性缺乏了解，没有一套完整且成熟的既有窑洞建筑结构安全性、耐久性评估和维护保护等关键技术和理论体系。为全面提升我国既有窑洞建筑的安全水平，迫切需要对现存既有窑洞建筑进行调研和健康监测，建立起适合窑洞特点的安全性和耐久性评估标准，提出现存既有窑洞建筑的安全评估理论与修复保护方法，以达到科学、合理保护和维护窑洞建筑，使有文物保护价值的窑洞建筑达到超长延寿、久远传承的目的。

本章参考文献

[1-1] 刘小军，王铁行，于瑞艳. 黄土地区窑洞的历史、现状及对未来发展的建议 [J]. 工业建筑，2007，37（S1）：113-116.

[1-2] 侯继尧，王军著. 中国窑洞 [M]. 郑州：河南科学技术出版社，1999.

[1-3] 仇克询. 经受 1695 年临汾大地震的两孔黄土窑洞 [J]. 山西地震，1982（4）：12-12.

[1-4] 罗文豹. 黄土窑洞的抗震问题 [J]. 工程抗震，1985（4）：13-17.

[1-5] 龚永松，师云林，王广军. 1982 年海原地震农村建筑震害调查 [J]. 地震工程动态，1982（3）：3-8.

[1-6] 谷鑫蕾. 传统生土窑居地震响应分析 [D]. 郑州：郑州大学，2017.

[1-7] 刘瑞晓，刘源，姬栋宇. 降雨渗流对靠崖窑土体结构的稳定性分析 [J]. 水科学与工程技术，2012，（2）.

[1-8] 米海珍，胡燕妮，赵占雄. 重塑和加筋后马兰黄土的强度试验研究 [J]. 建筑科学，2010，（9）.

[1-9] 陈莉粉. 黄土地区窑洞建筑中结构稳定性的研究 [D]. 西安科技大学，2012.

第2章

窑洞民居及其营建技艺研究

2.1　窑洞的分布

　　窑洞民居是我国黄土地带特有的一种民居类型，其形成与该地区特有的自然条件和独特的地形地貌有重要关系。我国黄土高原主要分布在北纬33°～47°之间的广大地带，占我国北方大部分地区。在新疆和东北地区也有少量的黄土分布，但是面积不大，厚度较小[2-1]。我国黄土分布的广度、厚度及其发育的完整性都是世界罕见的。尤其是我国黄河流域中游地区，东起太行山，西至祁连山东段，北到长城，南至秦岭，是我国黄土发育最为成熟、土质最均匀的地区。海拔多在1000～2000m之间。因此，形成了广阔的黄土高原，面积约有63万km²，包括山西省全部、陕西省大部、甘肃省东部、河南省西北部和宁夏回族自治区南部等地。

　　中国的窑洞文化历史悠久，具有代表性，且形式多样。我国窑洞民居主要分布在河北、河南、山西、陕西、宁夏和甘肃六大区域。

　　中国窑洞民居按其所处的地理位置和分布的疏密，可划分为六个窑洞区：

　　（1）陇东窑洞区：大部分在甘肃省东南部与陕西接触的庆阳、平凉、天水地区的陇东高原一带。

　　（2）陕西窑洞区：主要分布在秦岭以北的大半个省区。集中在渭北、延安、陕北地区。

　　（3）晋中南窑洞区：分布在山西省太原市以南的吕梁山区。

　　（4）豫西窑洞区：分布在河南省郑州市以西的黄河两岸，巩义、洛阳、三门峡、灵宝等市。

　　（5）河北窑洞区：主要是河北省西南部、太行山东部地区。

　　（6）宁夏窑洞区：主要在宁夏回族自治区中东部的黄土高原区。

2.2　窑洞的类型

2.2.1　按照结构和材料分类

　　窑洞从结构和材料上可分为土窑、接口窑、石窑、砖窑四种基本类型。

（1）土窑

它是陕北窑洞的原始形态，保留古代穴居的习俗。挖土窑必须选择在向阳山崖上土质坚硬，土脉平行的原生胶土崖上挖掘，避免在直立、倾斜土脉和绵黄土地段开挖。因为，土硬则实，土软则虚，虚则易塌陷。

（2）接口窑

即是在原土窑开扩窑口，按窑拱大小加砌 1～2m 进深石头或砖做窑面，新做圆窗木门。为加固内顶，用柳椽箍顶。然后用麦鱼细泥抹壁，土拱与石拱接口处抹平隐藏使其新旧两部分浑然一体。接口窑是过去土窑基础上的进步，门窗变大后采光面积大、光线增强，既明亮又保温。窑面也坚固美观[2-2]。

（3）石窑

就是用石块、灰沙垒砌的拱形窑洞。窑面石料按尺寸凿方凿弧，砌面讲究缝隙横平竖直，窑面整体平整，拱圈和缓，合乎规范标准。窑顶前加穿廊抱厦，顶戴花墙，尤显大方。窑口安装大门亮窗，窗棂图案有简有繁，花样多变。

（4）砖窑

就是用砖和灰浆砌的拱式窑洞，结构及优点与石窑大同小异。烧砖建窑适用于煤炭富足、石料缺乏的地方，砖窑美观整齐，备料易施工速度快，但造价高。砖窑的缺点是保温性差，砖块年旧老化，窑洞使用寿命相对石窑要短。

2.2.2 按照砌筑方式分类

西北黄土高原上的窑洞与地形地貌结合形成了形式多样的院落空间布局、建筑形式和结构特点。从陇东和陕北这两个窑洞比较聚集的地方来看，窑洞可以分为靠崖式、下沉式和独立式三种基本的形式以及由它们衍生出的许多形式。

2.2.2.1 靠崖式窑洞

靠崖式窑洞又称靠山窑，有的地方称之为土窑，是直接依附山体挖掘的横洞，仅以黄土为基本材料，用"减法"营造（图 2-1）。即在崖边垂直向下挖一个立壁，一般挖到 10m 左右的深度时，再按水平方向向立壁凿挖窑洞。窑洞的空间尺度，陇东地区有"窑宽 1 丈，窑深 2 丈，窑高 1 丈 1 尺，窑腿 9 尺"之说，即分别为 3.3m、6.6m、3.6m、3.0m，但根据地区实际条件各地皆有增减，一般陇东、陕北等干旱地区尺寸偏大，而河南、河北较湿润地区尺寸偏小[2-1]。但窑顶上至少留 3m 以上的土层。窑洞水平挖凿深度一般在 7～8m，这个就是窑洞的进深。挖凿时往往上下数层或数洞相连。有的还会在洞内加砌砖券或石券，以防止泥土崩塌，或在洞外砌筑砖墙，用来保护崖面。

（1）靠山式窑洞出现在山坡、土塬边缘地带。窑洞依山而建，靠着山崖前面是开阔的山川，就像倚着一个靠背一样。由于是依山靠崖，所以这种窑洞必须沿着等高线布置才合理，窑洞的建筑布局就呈曲线或者折线形排列。由于是依山挖掘，这样既减少了土方量，又可以保持与生态环境相协调。

（2）沿沟式窑洞是在沿冲沟两岸崖壁基岩上部的黄土层中开挖的窑洞，很多就只是在窑脸和前部砌石，纵深部分仍然是利用黄土崖，俗称结口子窑洞，没有砌石的就叫土窑子。陕北地区许多人家都喜欢这种窑洞。这种在沟谷的窑洞虽然不如靠山窑视野开阔，但是却可以避风沙，拥有太阳辐射较强和冬暖夏凉的优点。沿沟式窑洞的地形曲折、沟谷溪

图 2-1　靠崖式窑洞

水丰富，生态环境较好，是理想的聚居地，陕西米脂的几乎所有窑洞村落都是在大小的沟壑之中[2-3]。

2.2.2.2　下沉式窑洞

下沉式窑洞即地下窑洞，又称天井窑院，在陇东、晋南、豫西等地都有分布。各地对下沉式窑洞的叫法不同，一般在山西称之为"地阴院"或"地坑院"；陕西渭北称"地倾窑庄"；河南称"天井院"；甘肃称"洞子院"。

下沉式窑洞实际上就是由以前的穴居演变而来的。多分布在黄土高原上没有山坡，沟壑这种可以利用的地形上，当地的人们就巧妙地利用黄土直立边坡的稳定性这一特性，就地挖出一个方形的地坑，形成四壁都闭合的地下四合院。形成方坑后，再利用四壁进行窑洞的建造。庭院内可以栽种花草树木，开挖渗水井，并利用一个壁孔挖一条坡道通向地面，作为出入口。下沉窑如图 2-2 所示。

图 2-2　下沉式窑洞

下沉式窑洞的平面主要有方形和矩形两种，梯形有但极少。正方形院落边长平均 8～14m 之间，矩形院落一般以南北边为长边（由于受地形限制，约 10% 的院子以东西为长边），长边长 9～15m，短边长 6～9m，院深 6～9m[2-1]。

2.2.2.3　独立式窑洞

在自然情况下要发现一处理想、适宜开挖的靠崖式窑洞的地方并不容易，即使找到了，却可能离居民的耕地或者水源很远，而造成居住使用上的不便。因此，不受地形限制，随处可建的独立式窑洞，便在这种情况下产生了（图 2-3）。

独立式窑洞又被称为锢窑，实际上是一种覆土的拱形建筑，这种窑洞不是挖掘生土形成的，而是用砖石、土坯砌出拱形洞屋，然后再覆土掩盖。独立式窑洞一般选择在平地上搭券起拱，在黄土丘陵地带，由于土崖的高度不够，不能开挖靠崖窑，在切割崖壁时就保留原状土体作为窑腿和拱券模，砌半砖厚度的拱后，四周夯筑土墙，窑顶再分层填土夯实，等整个窑体拱券结构稳定时，再通过拱券顶留下的洞从窑内吊土对窑顶覆土，一般窑顶覆土 1～1.5m，等到土干燥达到强度时再将拱模掏空[2-4]。土基土

图 2-3　独立式窑洞

坏窑的砌拱材料为土坏,尺寸为 $300\text{mm}\times350\text{mm}\times65\text{mm}$,在屋顶形式上除了覆土夯实为平顶外还有做成双坡、四坡或锯齿形的。箍窑也是一种独立式窑洞,箍窑一般是用土坏和麦草黄泥浆砌成基墙,拱圈窑顶而成。窑顶上填土呈双坡面,用麦草泥浆抹光,前后压短椽挑檐,富裕的人还在卜面盖上青瓦。窑顶预留的排水管通向窑面正中的位置,窑背面与地面相交之处设置了排水沟[2-5]。按其基础所用材料和建造方法的不同可分为土基土坏拱窑洞、土基砖拱窑洞和砖石窑洞。土基窑洞下半部保留原土体作为窑腿,上半部砌土坏拱或砖拱,然后掩土分层夯实,作为平屋顶或坡顶。砖石窑洞是以砖材石材砌造整个独立的拱形洞屋,拱顶和四周同样掩土夯实。这种砖石窑洞可以四面凌空,灵活布置,还可以造窑上房或窑上窑。若单层出现,窑洞上层还可建窑,称为"窑上窑",若上层建砖木结构房屋,则称"窑上房"。这种窑洞不需要靠山依崖,可在平地上直接建造,自身独立,又不失窑洞的优点。

2.3　窑洞的形式与基本构造

窑洞建筑是构成窑洞院落和村落的基本单元,对于窑洞的设计和营造技术研究十分重要,对于了解窑区人民的生活方式和民俗习惯也有很大的帮助。

2.3.1　窑洞的平面形式

窑洞的平面形式有带耳室即侧洞和不带耳室的两种,不带耳室的主要是"一"字形和"凸"字形平面,带耳室的主要是"Γ"字形平面、"丁"字形平面和"十"字形平面。有些窑洞的窑口还有变化,大致可以分为筒形、蔽口形、镇口形和斜口形,一般出现在"一"字形窑较多。

2.3.2　窑洞的剖面形式

窑洞的横剖面一般根据力学要求都呈现出拱形曲线状,可以归纳为五种:双心拱、三心拱、半圆拱、平头三心拱、抛物线尖拱(图 2-4)。每一种横剖面形式都和崖壁的土质情况和窑洞功能使用情况有关。以三心拱最多见。三心圆拱用同半径不同圆心的两个 1/4

圆弧相交，再内切小圆而成。圆心距俗称"交口"，"交口"长，则拱圈提高，"交口"短，则拱圈降低，拱顶平缓。

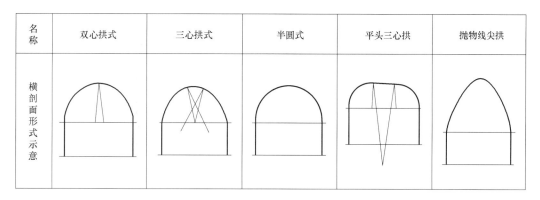

图 2-4　拱形曲线图

窑洞建筑的纵剖面一般也分为五种。窑洞纵剖面处理形式：前口高后墙低，呈现喇叭型，俗称大口窑，它的优点是排气、排烟好，利于采光；平直型，采用最多的方式；楔型，也叫锁口窑，优点是保温效果好，但采光通风不理想；拱顶上下变化，台阶型，一般是由于在维修的时候扩大洞深造成；重叠型，也就是双层窑，利用窑洞顶部土拱作为楼板，在下面窑洞上再挖一层，用室内或者室外井梯上下，主要作为储藏空间[2-6]。

有些窑洞的纵剖面还有吊顶和上面加阁楼，分隔出上部空间作为储藏或者安装换气设施（图 2-5）。这种内部空间较高，约有 5m，室内空间高度分为"上七下八"（七和八以尺做单位）。被称为夹壁窑的一种特殊窑洞是战争年代人们储藏的暗仓库。房间内设置小洞口，洞口下挖竖井，在竖井旁再挖横穴，平时为地窖，紧急时刻成隐蔽场所。

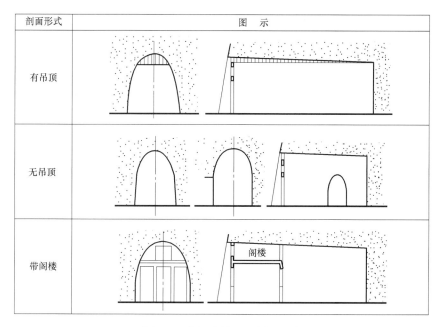

图 2-5　窑洞建筑的纵剖面形式

2.4　窑洞的营建技艺

黄土高原地区的地方性建筑材料广泛采用黄土、石材和砖材。黄土良好的蓄热性能和较小的导热系数是其最明显的优势。由于黄土具有质地均匀、抗压抗剪强度较高的物理特征和结构稳定性，适合于干旱少雨地区的开挖利用。黄土与石材直接取之于当地，可用于建窑、砌火炕或挖土脱坯烧砖，而且一旦废弃，还原于环境，对于生态系统的物质循环过程毫不影响，符合生态系统的多级循环原则，可称为天然的环保型建材，并由此形成了相应的建造技术。冬季白天，围护结构吸热储存，夜晚再向室内释放，室外温度波动对室内的影响极小，保证了室内相对稳定的热环境，这就是人们熟知的窑居冬暖夏凉的最根本的原因。石材在黄土高原的丘陵、沟壑区资源丰厚，力学性能优越，开采方便，加工容易，是该区不可多得的地方性绿色建材[2-7]。砖材的原材料主要是黏土，因此砖实质上是黄土材料的延伸材料。

2.4.1　靠崖式窑洞的营建技艺

靠崖式窑洞主要是建造在黄土冲沟、黄土塬、黄土茆上，这种窑洞的施工比较简单。首先的工序就是切刷窑脸的土墙，自上而下，切下的土方弃入沟内或铺设道路和围墙，有的可以运到塬面上填筑窑背，少量的烧制土坯或砖，可谓物尽其用。

为了土壁的稳定性，通常切刷时带有一定的坡角或台阶，根据不同的土质来顶，一般放坡在1/20~1/12。窑脸的土壁较高时，就可以在切刷土壁到1m多时，随时压砌石板檐口女儿墙，这样可以省去脚手架和保护土壁不受到雨水的冲刷。如果没有石材就采用挑虎头砖层层出檐的方式，上面用小青瓦作披水檐口。当檐口封好以后再继续下面的工作，向下切刷窑脸壁墙。土质好的地方和讲究一点的窑洞还会用钣镢修饰土壁花纹。为了防止土壁的风化侵蚀，采用草泥粉刷土壁钉入竹签嵌固，当地人称"刮崖面子"。切刷窑脸的工序算是完成。

接下来就是开挖洞室。最先开挖的是雏洞也称"毛洞"，雏窑一般高度2~2.5m，宽2m左右，深2~4m，依据土的强度而定，挖好以后让它通风晾干。从雏窑到成窑不是一气呵成，中间需要停晾1~2次[2-1]。干后进行修整打磨，这叫镟形，或叫"剔窑""铣窑"。一般请有经验的师傅来做，工具就是镢头，修削窑洞顶，定形，打磨平整。镟形和挖窑经常交错进行，节约工时。接着用黄土和铡碎的麦草和泥，用来泥窑。泥窑的泥用干土，泥成的表面光滑平顺。不用湿土和的泥性黏土。泥窑至少泥两层，粗泥一层，细泥一层，也有泥三层的。如果日后住久了，窑壁熏黑了，可以再泥。

洞室之后进行窑洞门脸的砌筑和安装门窗，门脸的类型和方式根据各个的差异来定，有用土坯砌筑粉灰泥，有砖砌基脚上部用土坯的，也有用土坯砖拱作窑洞内衬与护脸的。窑前脸用土坯隔墙封砌，墙上安装木门窗，如果窑内还没干透，隔墙的山花部分先不要砌死，过2~3年后再封，留通气孔。

最后是室内土炕、烟囱的施工，在室内设土坯砖砌炕柱，再填土做模，炕面就用草泥加竹木筋拍成一尺来厚的泥板，等泥板干后，掏出土模，经过多次烘干便形成硬度和刚度较大的炕面了。烟囱用长木杆顶端固定镢头或犁刃自下而上掏挖，利用杠杆原理用脚踏修筑。

2.4.2　下沉式窑洞的营建技艺

下沉式窑洞由于需要人工在黄土上向下开挖形成崖壁，在施工中稍微复杂，其施工的工序是：挖坑壁（也叫"挖方子"）、凿锥洞、修筑、粉刷、砌门脸安门窗、修大门出入口、挖掘渗水井和排水沟。其中挖锥洞和窑室的几道工序和靠崖窑施工大同小异，从始挖到建成，大致要经选地、挖界沟、整窑脸、画窑券、挖窑、修窑、上窑间子、装修等过程[2-8]。

挖坑壁是在下沉院落的四周切方，争取崖面的举措。切方的方法有两种形式：四周切土法和整体大开挖法。下沉式窑院开挖的土方量较大，如八孔的下沉窑土方量在1500～2000m³，施工不是一次性成型的，需要花费较多的人力和时间，有的会持续几年。挖坑时先选地挖界沟，多选稍高的山塬地段，然后划定院落的界限，沿界限靠外开挖环形浅沟，沟宽1m，深度1～1.5m，沟称为界沟。再填土分层夯实，过后才在夯实铲平的界沟上重新划定院落，这道工序主要作用是使下挖的院落崖沿不落在地表的耕土上。如果本身选地就在坚实的原状土上，那就可以省略此道工序[2-1]。

弃土方式又有垂直用提升机向上提取和利用大门口水平巷道向沟内弃土等方式。如果门前有沟洼，可用架子车将土边挖边推进沟里，这样弃土方便，而且比较省力。经济条件不好的家庭或者不利于机械施工的地形，则完全要靠人力用笼筐一担一担的担上来。弃土方式也很重要，四周切土法虽然有窑门脸墙壁容易干燥的优点，但是很容易积水，所以多数在便于弃土的方向先挖沟到窑院底部，再挖水平巷道，用人力车向外弃土，然后逐渐自上而下挖运院内的土方。整体开挖的方法弃土适合有提升机的家庭向上提取，快速且量大。

2.4.3　独立式窑洞的营建技艺

土坯窑洞、石拱窑、砖拱窑是独立式窑洞的三种形式，其力学原理大体一致。

（1）石拱窑

石拱窑与赵州桥、卢沟桥以及现代大跨度的石拱桥一样，是一种利用块料之间的侧压力形成拱券的承重结构的砌筑方法，建筑学上称"发券"。这种侧压力民间谓之"夯劲"。石拱窑多在陕北北部和山西吕梁地区，在渭北平原也有存在，做法也大体相同。正式动工时，先画线并按窑洞的负荷能力，决定地基的深浅并"拔地基"，然后按单数五、七、九层或更多层朝上砌地槽石至地平面。若及至地面，则在左右两边砌窑腿。砌至平桩待扳拱时，开始支券架。窑券是石拱窑洞的模型。按照窑匠（多为石匠）师傅的设计，粗细木料有类似于梁、檩、椽的构架支成拱模。弧形的支架上以土填缝，拍打抹光即成。拱模就绪，人在上面可以走动操作时，即自下而上紧贴弧形拱模镶砌石块，砌不多几层时，即同时朝两拱之间的窑腿上填土、夯打令之实。如此一层一层从两面砌至窑顶中线"合龙"。石头朝里的一面必须整齐，朝外的一面以发青绿色的花岗石片加楔夯实[2-9]。

灌浆伴以始终。窑腿每砌一两层即在中间插片石、灌浆。传统的浆是泥浆。取纯净的上好黄土用桶或大铁锅注水，经反复搅拌使土块完全消解呈糊状，一桶一桶地朝着插片石处灌注，泥浆沿缝隙下渗，直至灌满为止。窑的拱券部分亦如法炮制。泥浆经凝固，"卤"

11

定石块，非常稳固。亦有灌石灰浆者；水泥普遍使用后则有的改灌水泥砂浆，更加牢固。

一座院落无论起多少孔窑，在"合龙"时，顶部正中必须留一块石头，这是供"合龙口"用。这种石拱"四明头"窑，合龙后经干燥到一定程度即可上掩土。掩土大约有 1～1.5m 厚，称作"上脑畔"或"垫脑畔"。这样的厚度恰好给拱洞形成压力，令其越压越结实，又不至于荷载过重而坍塌。同时，这样的厚度可保证窑洞冬暖夏凉。

窑顶土上足后，给予适当的压实，然后做好女儿墙、挑檐，砌出流水石槽，供下雨泄洪用。但槽必须朝院子，以示"水不外流"。

（2）砖拱窑

砖拱窑在各地都有，但最经典、最具特色者为平原地区的砖拱窑。平原上因石头缺乏，又缺少石工，没有石拱窑。得益于黄土这种生土建筑材料，烧砖独立式窑洞甚为普遍。渭北平原的砖拱窑不惜人力物力，不惜占了很大的耕地面积，砌筑厚 1m 以上的背墙，这在别的地方是颇为少见的。这样，以石杵一层一层夯筑至窑拱，然后窑顶覆土至一定厚度。然后由窑匠在背墙上画一弧形，此即窑之高低、宽窄和弧度尺寸。按此线延长，掘出地基，以到老土为止，谓之"拔券"，然后下线砌地基，到一定程度则要"拍券"。

（3）土坯窑

土窑洞除了造价低廉，最大的优点就是冬暖夏凉。这是因为窑洞顶部的厚度在一尺以上，厚厚的泥土，夏天遮挡了强烈的太阳直射，冬天又使屋子里土炕的热量不致散失。土窑洞唯一的缺陷是年年需要用黄泥抹窑顶，这主要是为防雨水的向下渗透。其陶土和泥的程序和上文所述的抹壁一样，不同的是这时要将和好的黄泥吊上窑顶均匀地抹开，这个用泥抹窑洞的过程也叫"泥窑"。

土坯拱窑洞为无檩结构的内窑外房形式，主体围护材料和结构仍然是黄土，它克服了窑洞较潮湿的缺点。土坯拱窑洞采用无胎模施工技术。土坯坯子多是楔状梯形，方便成拱。当窑壁墙砌到起拱线处时，首先用双心半径（也称"圆尺"）做成拱形，然后斜砌拱背，让每一层土坯拱都向后，靠草泥的黏性和固定随拱平移的半径"圆尺"砌成道道的拱圈，等草泥初凝时，砌下一道土坯拱圈，如此反复，一层一层由内向外砌拱，每一块土坯依"圆尺"就位，就形成了拱形曲面，最后再用草泥找平，讲究一点的外面刷草灰泥或麻刀白灰，这样就形成了拱室。拱背上用土坯找坡，铺草泥床压小青瓦防水。

2.5 窑洞的特点与生态优势

窑洞的构筑形态蕴含着许多值得重视的问题。它涉及利用生土、节约能源、节省建筑用地、保护生态环境、浓化地域特色等一系列当代建筑所关注的问题。生活在黄土高原地区的人们，使用最简单的生产工具，极少的财力支出便可以建造属于自己的民居建筑。几千年来，原生态的窑洞便一直是社会底层的栖息之所，就有了"寒窑"的称谓。但是就是这种今天看上去简陋、穷困的住所，室内环境却是冬暖夏凉。在陕北，冬季的室外温度最低可以达到 −24℃，而同一时间的窑内仅靠做饭时的余热，便能达到 10℃ 左右的温度[2-10]。

窑洞依靠白天充足的日照，来保证室内温度的升高；夜间，因为黄土的热惰性，窑洞室内的温度依然适宜居住。在炎炎烈日，又因为黄土的隔热特性，保证了窑洞室内的凉爽。黄土高原地区生态环境脆弱，窑洞建筑可以减少人们对木材等资源的利用，在很大程度上，窑洞建筑很好地保护了这一地区的生态环境。所以，"低投入、低能耗"的黄土窑洞是真正的生态建筑。

窑洞可以解决黄土高原的土地问题，随着西部大开发的不断深入，城市建筑、交通占用耕地的现象日益严重，而窑洞建筑充分利用了黄土的特性，不采用投入建筑材料以构筑空间的"加法"方式，而是采用挖去天然材料以取得地下空间的"减法"方式，凿崖挖窑、取土垫院，利用自然，融于自然。它的有效空间是向地下黄土层索取来的，它的建造并不破坏自然风貌和地面空间形态。黄土高原生态环境最大特点就是黄土资源丰富，加之高原上许许多多的窑居村落都建在不适宜耕种的沟坡上，多数的窑洞顶部还是上层窑居人家的院落。传统窑洞不仅充分利用了黄土这一生态资源，而且生土建造方式使得这一资源能够循环利用，符合可持续发展的原则，是理想的生土建筑研究原型。这种对土地的支出近乎为零的建筑形式，在中国众多的传统民居建筑中独树一帜。

（1）窑洞是生土建筑。生土建筑可就地取材、造价低廉、技术简单、保温与隔热性能优越，房屋拆除后的建筑垃圾可以作为肥料回归土地，这种生态优势是其他任何材料都无法取代的。

（2）窑洞因地制宜。窑洞充分体现了黄河流域的地域文化，利用黄河流域的地理条件，适应黄土高原的干旱气候，结合得天独厚的土资源，创造了中国传统建筑中的土文化。它结合不同地形、地貌的有崖、无崖或平坦、起伏，创造出了靠崖窑、天井窑和覆土窑等多种灵活形式。

（3）窑洞因材致用。窑洞通过挖掘横向的窑洞取得室内空间，最大限度地利用原状土体作为窑壁、窑顶。还可以利用挖出来的原土，通过版筑作为院墙、隔墙，或打成土坯，砌筑洞口墙和火坑，烧制土砖，镶边，用以防水，并起到一定的装饰作用。

（4）自然生态中的和谐景观。窑洞村落具有"上山不见山，入村不见村"的特点。靠崖窑只展露出小面积的洞口立面，天井窑则沉于地下。与一般地面建筑相比，建造时无需大量破坏植被，建成后又没有触目的外露建筑体。从总体布局上看，整个建筑群或是顺着山势呈等高线布置，或是潜隐在大片土塬之下，最大限度地与大地融合在一起，充分保持着自然的生态面貌。

（5）减灾。由于窑洞土层很厚，使得窑洞防空、防火、抗震的性能大大提升。窑洞这种掩土建筑一旦其中一孔失火也不会殃及其他窑洞。

本章参考文献

[2-1]　侯继尧，王军. 中国窑洞［M］. 郑州：河南科技出版社，1999.

[2-2]　侯继尧，任志远. 窑洞民居［M］. 北京：中国建筑工业出版社，1989.

[2-3]　郭冰庐. 窑洞民俗文化［M］. 西安：西安地图出版社，2004.

[2-4]　王其钧. 中国民居［M］. 上海：上海人民美术出版社，1991.

[2-5]　荆其敏. 中国传统民居［M］. 天津：天津大学出版社，1999.

[2-6]　张驭寰. 中国风土建筑——陇东窑洞［J］. 建筑学报，1981（10）.

[2-7]　刘亚栋. 渭北平原地区典型独立式窑洞建筑研究 [D]. 西安建筑科技大学，2015.

[2-8]　刘尧. 陕北传统人居环境保护与发展研究 [D]. 西安建筑科技大学，2014.

[2-9]　马成俊. 下沉式窑洞民居的传承研究和改造实践 [D]. 西安建筑科技大学，2009.

[2-10]　李蜜. 传统村落民居生土建筑营造工艺及其优化应用研究 [D]. 重庆大学，2016.

第3章

▶▶▶▶▶▶▶

黄土窑洞病害原因分析及保护策略

3.1 黄土的工程特性

黄土是干旱半干旱气候条件下形成的多孔性具有垂直节理的第四纪沉积物，其主要颗粒成分为粗粉粒、砂粒和胶结物，其骨架支撑体系是由黏粒和各种胶结物将粉粒和砂粒胶结聚集一起而成，胶结作用的强弱决定了黄土土体的物理特性，如图 3-1 所示[3-1,3-2]。

在实际工程中，根据黄土的工程地质特性，可进行如下分类，见表 3-1。新近堆积土和马兰黄土干密度小、孔隙率和压缩性大，具有较强的渗透性和湿陷性，其抗剪强度相对较低；离石黄

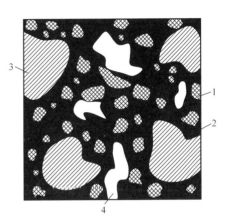

图 3-1　黄土骨架图
1—粗粉粒；2—胶结物；3—沙粒；4—大孔隙

土和午城黄土干密度大、孔隙率和压缩性较小，抗剪强度高，其中离石黄土在高应力状态下具有轻微湿陷性，午城黄土不具湿陷性，两者均为良好的地基持力层。湿陷性是指土体经水浸湿后在自重作用或外力作用下产生结构性破坏或急速下沉的现象[3-3]。湿陷性程度的大小主要取决于土体胶结作用的强弱和土体的密实状态。湿陷性黄土在历史沉积、固结过程中始终处于欠压实状态，当其经雨水浸湿后，土体中的粉粒或胶结物发生软化，胶结作用减弱，土体骨架结构遭受破坏，抗剪强度大幅度降低，导致土体发生湿陷性下沉、变形，从而诱发地面变形及建筑物发生破坏。其次，黄土中孔隙、节理发育，为水流提供了大量的渗流通道，是诱发黄土发生湿陷性变形的主要因素。在我国，湿陷性黄土面积占黄土总面积的一半以上[3-4]，主要分布于我国的甘肃、宁夏、陕西、宁夏、山西等地区。

		黄土工程分类[3-5]		表 3-1
时代		名　称		
全新世 Q₄		新近堆积土²	马兰黄土²	新黄土
上更新世 Q₃		新近堆积土¹	马兰黄土¹	
中更新世	上部 Q₂²	老黄土上部	离石黄土上部	老黄土
	下部 Q₂¹	老黄土下部	离石黄土下部	
下更新世	Q₁	老黄土下部	午城黄土	
		更老黄土		

15

3.2 黄土窑洞常见病害

当今在黄土高原地区，仍然分布着大量的黄土窑洞住宅群，它依山而建，妙居沟壑，深潜土原，其取之自然，源于自然，是我国绿色建筑之典型之一，且具有"绿色美居"之美誉。历史进程中，诸多建筑形式不断更新、演替，而黄土窑洞建筑作为土生土长的"绿色美居"，一直备受青睐且被各朝代沿用至今，其建筑形式按照营造工艺的不同主要分为靠山式和下沉式。以上两种窑洞均是直接利用已有的黄土山崖或平地开挖而成，其表层及内部一般未进行相关防护和加固处理，长期在风化、潮湿、冻融等外界环境作用下，黄土材料的强度及稳定性易受到影响，从而诱发诸多窑洞病害，危及生命财产安全。根据实地调研及参考文献资料，总结黄土窑洞常见的病害类型主要包括：窑腿残损、窑脸残损、拱顶残损及窑顶残损。

3.2.1 窑腿残损

靠崖式或下沉式黄土窑洞直接利用天然黄土作为其建筑材料，长期在风化、冻融、雨水侵蚀等外力作用下，其黄土土体骨架结构遭受破坏，从而诱发窑腿局部土体剥落或坍塌，窑腿截面尺寸减小（图 3-2）。而窑腿作为拱体结构的主要受力构件，截面尺寸的削减很大程度上影响了黄土窑洞的安全性和稳定性，同时对窑洞建筑的外观及建筑功能造成不利影响。

图 3-2　窑腿风化剥落

3.2.2 窑脸残损

窑脸是窑洞建筑的外立面，通常为原状黄土直接暴露于外界环境中。在窑脸底部，因长期受雨水冲刷、风化侵蚀、冻融等外力作用，窑脸表层土体多发生剥落病害，尤其在阴坡面病害较为严重。若在窑脸土层表面含有古土壤层（指保存在地层中的地质历史时期的土壤层），因古土壤层易于风化，导致窑脸发生碎落病害，并形成窑脸凹槽（图 3-3），从而对窑洞居民形成安全隐患[3-6]。此外，靠山式黄土窑洞依山而建，窑脸通常位于黄土崖边，且窑洞顶部植被丰富、坡度较大，易造成排水不畅或形成水流通道，在暴雨冲刷或洪水作用下诱发窑脸坍塌（图 3-4）。

图 3-3　土质窑脸风化剥落

图 3-4　窑脸坍塌

3.2.3 拱顶残损

黄土窑洞拱顶的残损主要包括拱顶的开裂和拱顶土体剥落。拱顶的开裂分为环向裂缝、纵向裂缝和微裂缝。环向裂缝是指窑洞拱券沿着母线垂直的方向开裂，其通常发生在靠山式的接口窑洞中，接口窑的窑体前端采用砖或石砌筑形成拱券，其他部位仍为原状黄土。由于砖或石接口与土体间的耦合作用相对较差，两者的接触面易出现环向裂缝，长期作用下裂缝逐渐发展且砖石接口出现松动等现象，从而诱发安全隐患。纵向裂缝是平行于窑洞母线方向的裂缝，通常是由于窑洞拱券矢跨比设置不合理，拱券局部土体产生较大拉应力而导致开裂现象（图 3-5）。微裂缝普遍存在于黄土窑洞建筑中，主要由于洞内土体长期暴露于外界环境，受温度、湿度变化而产生热胀冷缩、干湿交替等现象，同时在风化、冻融等外界作用下，加剧黄土土体的开裂现象（图 3-6）。此外，黄土土层中节理发育，开挖窑洞过程中不可避免拱券壁与土体节理相交，从而表现为纵向或斜向的微裂缝，长期在外界环境作用下，该裂缝会进一步发展，最终使得拱券表层土体被切割成片状或块状，在窑洞渗水或潮湿环境中该部分土体易发生局部剥落或掉块现象，诱发安全事故。

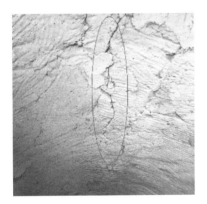 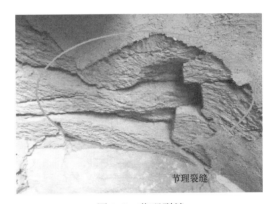

图 3-5　纵向裂缝　　　　　　　　　　　　　图 3-6　节理裂缝

3.2.4 窑顶残损

窑顶是窑洞建筑的重要组成部分，它连接着左右两边的窑腿并将荷载进行合理分配，形成一个完整的受力体系。黄土窑洞窑顶的残损主要包括窑顶渗水、冒顶和坍塌。下沉式黄土窑洞窑顶上覆土厚度通常在 $4\sim5m$，其土层为原状黄土，但土层中垂直节理系统发育，外加地面植物根系分布广泛，一定程度上为水流提供了大量渗流通道。若在地面（窑顶）处因排水不畅导致雨水滞留，形成局部积水，黄土在积水浸泡下产生湿陷性下沉且积水会沿节理、植物根系渗入窑内，造成局部渗水病害（图 3-7）。此外，窑洞开挖过程中削切土体使得拱券处土层中的闭合节理系统因土体卸荷而张开延伸，土体结构的整体性和抗剪强度降低，外加雨水渗透作用下土体含水量显著提高，窑洞拱顶土体因自重急剧增大、抗剪强度迅速降低而发生局部冒顶现象（图 3-8），严重情况下会诱发窑顶坍塌，造成巨大生命财产的损失。

图 3-7　窑顶渗水

图 3-8　局部冒顶

3.3　黄土窑洞病害影响因素分析

3.3.1　节理影响

　　黄土中错综复杂的节理系统是诱发黄土窑洞病害发生的主要原因之一。黄土节理依据其形成过程可分为原生节理、构造节理和次生节理。原生节理是黄土层在堆积过程中自然形成，属于黄土成岩的产物。该节理走向错综复杂，且节理分布密度大，通常不穿切其所在的黄土层。构造节理是在地质运动过程中黄土层受到地质应力作用而产生，一般会贯穿上下黄土分层。次生节理则主要分为风化节理和卸荷节理，其诱因可能为原生节理或构造节理的再发展而形成，其次可能因黄土在外界干湿交替或卸荷作用下产生的新节理。无论何种节理系统的存在，黄土土体均被切割成各种几何形状的块状土体分布在空间土层中。当开挖窑洞时，黄土土体因削坡卸荷作用使得原有的闭合节理系统张开并继续发展，从而形成窑洞土体结构的薄弱面，在风化、雨水侵蚀等外力作用下就会产生土体剥落、掉块等现象。

　　此外，节理系统的存在为雨水侵蚀提供了大量的渗流途径。当窑顶排水不畅时，流水会沿着窑脸而下，同时会在窑顶形成局部积水。在水流侵蚀窑脸时，水流会在节理裂隙处汇集侵蚀，使得节理裂隙不断扩大，直至最后窑脸处产生冲沟式破坏形式，严重情况下会导致窑脸局部垮塌。若在窑顶处形成局部积水时，积水会沿着节理系统渗入土层内部，同时节理系统不断扩大，渗流通道逐步发展，最终导致黄土土体自重增大、抗剪强度降低，窑顶发生局部冒顶或坍塌。

3.3.2　冻融作用影响

　　黄土高原地区多数处于季节性冻土地区，其随着外界气候的季节性交替变化，土体也会交替性的产生冻涨和融沉现象[3-7]。黄土在低含水率状态下属于结构性较强的土体，在历经反复冻融作用后土体的骨架结构发生改变，其物理特性和抗剪强度均发生变化。研究表明：冻融循环作用对不同容重的黄土土体具有强化和弱化的双重作用，其中干容重是影响土体冻涨和融沉行为的重要因素之一，即干容重较小土体的融沉量大于冻涨量，冻融后土体的体积减小，容重增大；而干容重较大土体的冻涨量大于融沉量，冻融后体积增大，容重减小[3-8]。据调研和文献资料显示，开挖黄土窑洞地区的黄土属于干融重较大的土体，冻融作用使黄土颗粒之间原始的胶结作用逐渐减弱，抗剪强度降低，土体中大的团粒破碎，体积增大，在土体自身的重力作用下，颗粒下沉并重新排列，黄土内原有的大空隙减少，小空隙增多，孔隙比增大，多次的冻融循环作用使黄土的骨架结构更加疏松[3-9]，在大气外部物理风化、雨水侵蚀作用下土体发生破坏。

3.3.3　含水率的影响

黄土窑洞的建筑材料是天然黄土，其整体结构的安全性能主要取决于土体自身的抗剪强度。依据 Mohr-Coulomb 强度理论，黄土土体的抗剪强度指标主要包括粘结强度 c 和内摩擦角 φ，其抗剪强度公式为：

$$\tau = \sigma \tan\varphi + c \tag{3-1}$$

由式（3-1）可知，土体的抗剪强度主要包括粘结强度 c 和摩擦强度 $\sigma\tan\varphi$，其中粘结强度又分为原始黏聚力和固化黏聚力，原始黏聚力来源于土体颗粒间的静电力和范德华力，固化黏聚力来源于颗粒间的胶结作用力；摩擦强度是因土体颗粒间发生剪切滑动时而产生的滑动摩擦力和因剪切使颗粒间脱离咬合状态时所产生的咬合摩擦力。研究表明：土体的干密度大小代表土颗粒间接触和联结的紧密程度，当干密度较大时，土颗粒间的摩擦力增大，抗剪强度提高。若此时土体含水率增加，水分会稀释黄土中的胶结物质，胶结物发生软化，胶结作用减弱，并在土粒表层形成润滑剂使内摩擦角减小，同时会增加黏性土粒薄膜水层的厚度，从而使黄土的抗剪强度降低[3-10]。此外，黄土土体的含水率增加，会使土体的容重增加，从而诱使窑洞局部或整体发生剪切破坏。

3.4　黄土窑洞的保护策略

面临着传统乡土建筑及传统非物质文化遗产的消亡，政府在近几年也相应出台了多项政策以加强保护和传承。如何保护传统乡土建筑？如何继承和发扬中华民族传统文化？这不仅是政府部门要认真解答的问题，同时也需要专家学者的建言献策和广大劳动人民群众的支持和自觉维护。

根据当前西北地区窑洞民居面临的实际问题，可从以下几个方面加强对黄土窑洞的保护和治理。

（1）加强传统窑洞民居建筑保护的宣传工作和政策支持

传统窑洞民居的保护应当以政府为主导，制定相关的专项法律法规，出台相应的保护政策。因传统民居一般为私人所有，因而最终的保护往往要落实到人民群众身上，所以要大力宣传传统民居保护的重要意义，对于私人所有的文物建筑也要以适当的方式投入政府资金，同时更要关切人民群众的生活需要。人民群众希望不断改善生活条件的愿望没有错，而在农村"一户一宅"的土体政策下，又不得不拆除旧房建新房，因而政府应该出台相应的激励政策鼓励人民群众进行自发保护，同时在他们自建新房时通过产权置换等手段加以协调，从而保住传统民居建筑。

（2）合理进行城乡规划，拒绝大拆大建

新农村建设并非新村建设，城镇化也并不是要把农民全部搬迁到城市中，在现代化建设过程中要充分融入具有地域特色的传统文化和传统风格建筑，拒绝"千村一面"，拒绝大拆大建。要在政府部门的施政考核中，加入对传统乡土建筑保护的责任考核，防止地方政府片面追求经济效益。

（3）鼓励促进高校科研向传统乡土建筑方向的倾斜

保护传统乡土建筑，离不开高校专家学者的参与，政府要鼓励促进高校科研向传统乡土建筑方向的倾斜，发挥高校科研的优势，以科学合理的方式帮助传统乡土建筑焕发新活力，就黄土窑洞而言，要对西北地区众多的窑居村落进行普查工作，对窑洞建筑的结构参数、建筑装饰等进行调查归纳和记录，要科学深入地研究黄土窑洞的性能机理，推动建立高效、适用的黄土洞室结构保护监测预警体系，大力推动黄土洞室建筑保护由"抢救性保护"向"预防性保护"转变，改变传统民居工作"救火队""消防员"的角色地位，使得黄土洞室结构的健康、安全隐患"发现得早、制止得住"，要尽早完成现存黄土洞室结构安全限制标准的制定，建立黄土洞室结构考虑性能劣化的安全评估理论与方法以及黄土洞室结构智能监测控制理论与方法等。

（4）重点突出、层次分明的保护方式

传统窑洞建筑的保护不能一概而定，要因地制宜，不同类别要有不同层次的保护方式。对于归为文物保护单位的传统窑洞建筑应当予以全面保护，隔绝人类日常活动对它的破坏，并定期进行检查维护，特别重要的传统建筑甚至可以采用易地保护的方式。对于被确定为历史文化名城、名镇、民村的古村落，应当予以重点保护，不应改变建筑外立面造型，严禁建造与传统建筑风格不一致的新式建筑。对于有特色的传统窑洞建筑及村落，政府应该鼓励引导其居民进行保护，加大宣传力度，并投入一定的政府资金帮助农民修缮破损的窑洞建筑，改善村庄的交通条件和自然环境。而对于时刻面临垮塌危险，已经不适于居住的窑洞建筑，应该以人为本，不宜强行要求农民居住。

（5）乡土建筑现代化，现代建筑乡土化

建筑终究是为人服务的，片面地强调对传统窑洞建筑进行全面保护，不仅会造成巨大的财政压力，还严重阻碍了农民生活条件的改善。传统窑洞建筑通风采光较差，而且湿气较重，应当允许乡土建筑的现代化和局部更新，改善其通风、采光系统，内部装修可以更加精美和现代化。对于整体搬迁、建设新农村，可以充分融入传统窑洞建筑的外立面风格和生态文明理念，促使现代建筑乡土化，建设富有传统文化气息和地方特色的新农村。

（6）发展旅游、文化产业，打造特色旅游路线

黄土窑洞建筑具有显著的地域特色，具有独特魅力，吸引着大量国内外游客前来参观，发展旅游业是传统乡土村落自我发展、自我保护的重要手段，在大力推动观光旅游产业的同时，也要充分融入西北地区传统风俗文化，如闹秧歌、打腰鼓、踩高跷、剪纸等特色活动。由于黄土窑洞主要集中在西北地区的黄土高原上，且其中的红色革命遗址颇多，因此可以以红色旅游为主线，陕西、河南、山西等地协力合作，打造富有特色的旅游路线。同时应当积极开展富有西北特色的主题艺术展和影视文化宣传，让黄土窑洞的形象更多地出现在影视文化作品中，进一步促进旅游产业更好更快发展。

（7）加强传统文化和传统技艺的保护和传承

传统乡土建筑和传统文化、技艺是互相依存、协调存在的，没有了传统乡土建筑，传

统文化和传统技艺就失去了生存的土壤,而失去了传统文化和传统技艺的浸润,传统乡土建筑也将黯然失色。因而不仅要保护传统乡土建筑,更要加强对传统文化和传统技艺的保护和传承。

西北地区独特的风俗文化、造窑技艺和建筑装饰技艺等都是需要认真加以保护的,随着农村空巢现象的出现,在农村兴盛一时的风俗活动已经不复往昔之热闹,而随着年轻人知识水平的提高,已经很少有人愿意学习造窑技艺等传统技艺,这些传统文化和传统技艺都面临着断绝传承的危险。因而,一方面应当积极推进非物质文化遗产的申报和保护工作,对于传统技艺传承人予以官方认可,帮助他们经营和销售。另一方面,要以影音、图像形式对传统文化和传统技艺进行记录留存,通过拍摄纪录片和出版图书的形式加强宣传和保护。

本章参考文献

[3-1]　胡仲有. 不同地区黄土的动力特性及其结构性研究 [D]. 西北农林科技大学,2008.

[3-2]　李保雄,李永进. 兰州马兰黄土的工程地质特性 [J]. 甘肃科学学报,2003,15(3):31-34.

[3-3]　胡晓锋,张风亮,薛建阳,朱武卫,刘帅,戴孟轩. 黄土窑洞病害分析及加固技术 [J]. 工业建筑,2019,49(1):6-13.

[3-4]　樊珂奇. 某铁路沿线黄土工程特性与黄土边坡稳定性研究 [D]. 西安科技大学,2011.

[3-5]　刘祖典,郭增玉. 黄土的工程地质特征及分类命名 [C]. 中国岩石力学与工程学会第七次学术大会论文集,2002.

[3-6]　刘小军,王铁行,韩永强,赵彦峰. 黄土窑洞病害调查及分析 [J]. 地下空间与工程学报,2007,3(6):996-999.

[3-7]　师华强. 冻融作用对黄土物理力学性质的影响及工程应用 [D]. 长安大学,2013.

[3-8]　宋春霞,齐吉琳,刘奉银. 冻融作用对兰州黄土力学性子的影响 [J]. 岩土力学,2008,29(4):1077-1080.

[3-9]　倪万魁,师华强. 冻融循环作用对黄土微结构和强度的影响 [J]. 冰川冻土,2014,36(4):922-926.

[3-10]　张奎,李梦姿,杨贝贝. 含水率和干密度对重塑黄土剪切强度的影响 [J]. 安徽理工大学学报,2016,36(3):74-79.

第4章

砖、石独立式窑洞病害类型及原因分析

独立式窑洞建筑是天然黄土窑洞的衍生产物，拱券利用砖、石砌筑而成，在其顶部采用黄土进行回填压实，从而形成独立的居住空间。独立式窑洞是我国西北地区的传统民居之一，主要分布于山西、陕西、甘肃等地，同样具有绿色环保、保温隔热、低能耗等现代绿色建筑的特点。独立式窑洞属于砌体结构，其建筑耐久性相对黄土窑洞较好。但迄今为止，独立式窑洞的营造工艺仍无史料记载和科学规范参考，主要凭据工匠的施工经验和技艺口口相传。本节将介绍独立式窑洞的砌筑工艺和结构特点，汲取古代劳动人民的智慧和经验，并根据实地调研和文献资料总结独立式窑洞的常见病害并进行原因分析，一定程度上促进传统民居技艺的传承和发展，为修缮、保护独立式窑洞提供参考依据。

4.1 砖、石独立式窑洞建筑结构特点

独立式窑洞是将砖、石材料与拱券结构完美结合的产物，与传统的木结构建筑不同，没有梁柱支撑体系，也不同于生土窑洞的天然土拱支撑体系，而是利用砖、石砌筑成拱作为主要的受力构件。砖、石拱券结构巧妙地利用砖、石抗压性能高的特性将窑洞上覆土荷载转化为砖、石间的挤压力，在其拱肩部位产生水平推力和竖向压力，并有效地传递至两侧窑腿，从而形成自平衡体系。

为了使独立式窑洞拱券受力更加合理，可采用不同形式的砌筑方式或几何形状，以达到良好的传力途径。拱券的砌筑形式可分为"一券一伏"和"两券两伏"等构造，主要是通过券、伏并列的形式使得砖、石间相互咬合，将拱体内弯矩产生的拉应力转化为压应力。当窑洞上部荷载较大时可通过设置多层券、伏结合的形式以增强结构整体承载力。拱券的几何形状一般可分为半圆形拱、双心圆拱和三心圆拱。半圆形拱在拱肩处会产生较大的水平推力，因此在窑腿处需要砌筑较厚的墙体或挡墙支撑；双心圆拱是由两条等半径的圆弧相交而成，其拱顶几何形状较尖，在窑腿两侧产生的水平推力相对较小，力学性能比半圆形拱相对优异[4-1]；三心圆拱是由三段相互内切的圆弧所构成，其拱脚截面的法线方向垂直，拱脚处水平推力较其他拱券最小[4-2]。调研发现，三心圆拱在窑洞建筑中并不多见，多数为半圆拱和双心拱，主要原因是三心圆拱施工烦琐，不易定位施工成型。

4.2　独立式窑洞常见病害

4.2.1　地基破坏

独立式窑洞采用砖、石砌筑而成，建筑布置灵活，不受场地条件限制，多数直接坐落于天然黄土层。其结构的安全性能极易受天然地基的影响，当湿陷性黄土地基在雨水侵蚀或浸泡下，土体骨架系统破坏、胶结作用降低，土体抗剪强度大幅度降低，黄土发生湿陷性沉降，导致窑洞建筑因地面变形而发生结构性破坏（图 4-1）。其次，窑洞建筑依山就势，以山脉为依托，其地基土层可能位于边坡地带，在雨水、洪水冲刷或人为因素下易发生边坡失稳，从而诱发窑洞建筑发生破坏（图 4-2）。

图 4-1　地基沉降

图 4-2　滑坡

4.2.2　窑腿残损

独立式窑洞窑腿残损主要表现为窑腿开裂和窑腿外闪，其中，窑腿开裂依据产生原因可分为超载开裂和剪切开裂。窑腿作为拱券结构重要的受力构件，承受窑洞上部荷载和外荷作用，当窑洞上部荷载过大或窑腿宽度设置不合理时，窑腿会因超载导致室内外墙面出现裂缝和鼓胀（图 4-3），严重情况下会产生坍塌破坏；其次，当地基发生不均匀沉降或滑坡时，窑体可能会发生整体错动，导致窑腿墙体产生剪切开裂，影响其整体承载力和稳定性（图 4-4）。

独立式窑洞建筑周边各向无侧向约束作用，当砖砌或石砌边跨窑腿与窑洞主体的图层间无有效连接时，在地基沉降或滑坡等外力作用下易发生外闪现象（图 4-5），严重会导致窑顶拱券纵向开裂，影响窑洞整体稳定性。其次，窑腿承受拱券上部传递的竖向和水平荷载，当拱券的矢跨比（拱券矢高与净跨之比）设置过小时，拱券对两侧窑腿会产生较大的水平推力，长期作用下易诱发边跨窑腿外闪，拱券顶部出现纵向裂缝、窑腿与掌子面间接槎脱开。

4.2.3　窑脸残损

独立式窑洞建筑采用砖、石砌筑窑脸，一定程度上能够保护其内部回填土体不受雨水、

图 4-3　超载开裂　　　　　　图 4-4　受剪开裂　　　　　　图 4-5　窑腿外闪

风化侵蚀且具有装饰效果。但其长期暴露于外界环境中，同样会出现泛碱、泛霜、砖石表面剥落和松动等病害，其中砖箍窑洞这类病害相对严重（图 4-6）。此外，窑脸平面与窑洞进深方向垂直，砌筑过程中应在窑脸与回填土间设置有效连接，且窑脸平面应向窑体一侧设置一定斜度，否则在地基沉降或外界环境作用下易发生外闪（图 4-7）。一旦因外闪产生裂缝，在雨水侵蚀或冲刷作用下诱发其产生局部垮塌或整体坍塌。

图 4-6　砖窑脸风化　　　　　　　　　　　　图 4-7　窑脸外闪

4.2.4　拱顶残损

　　独立式窑洞拱券常见的破坏形式有拱券开裂、局部松动、局部坍塌和整体坍塌。拱顶开裂和局部松动为独立式窑居的主要破坏形式，存在于多数窑洞之中。其中，裂缝可分为结构性裂缝和非结构性裂缝。非结构性裂缝主要是因缩胀不均匀而导致的墙体或拱券发生局部开裂，此种裂缝较浅且轻；而结构性裂缝主要是由于地基沉降、窑腿外闪、矢跨比过小等因素导致拱券在支座处发生位移，诱发拱券内部发生内力重新分布，当拱券内产生较大拉应力时便会引起开裂破坏。若拱券开裂严重且未及时纠正修缮填补，打破了其原有的受力平衡，且在上覆土中产生裂缝，在雨水侵蚀作用拱券会因此发生整体坍塌现象（图 4-8）。拱券局部松动主要是由于窑洞建筑年代久远，长期的风化和干湿交替作用使得砌筑砂浆酥软剥离，其粘结强度降低，砖或石间的咬合力逐渐减弱（图 4-9）。当拱券出现局部砖、石松动时，同样会导致其局部内力发生变化，严重情况下诱发拱顶发生局部坍塌。

图 4-8　窑顶坍塌

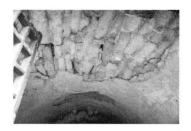

图 4-9　砖、石松动

4.3　独立式窑洞结构受力分析及破坏影响因素分析

4.3.1　结构受力分析

独立式窑洞结构可简化为两部分受力构件，即下部砌体窑腿和上部砌体拱券。窑腿主要承受上部传递而来的竖向荷载，为轴心受压构件，同时也承担了拱券传递来的水平推力，通常砌体结构的受压性能较受剪能力优越，因此窑洞拱肩的受剪承载力一定程度上决定了其整体的安全性能。为了使窑腿具有足够的抵抗水平推力的能力，现实中采用多孔窑洞相连的形式使其彼此间受力相互平衡，在边窑腿处则加大窑腿宽度或设置扶壁墙以抵抗水平推力。上部拱券为受弯构件，主要承受上部结构的均布荷载和自重，在较大荷载作用下拱券易发生竖向变形或超载开裂现象；其次，拱券的跨度、矢高等因素很大程度上影响着拱券结构的受力形式。依据结构力学可知，拱在给定荷载作用下，结构存在合理拱轴线，使得拱券结构主要承受轴力，减少弯矩，从而充分发挥其材料的抗压强度，避免结构受拉破坏。

将独立式窑洞拱券简化为双铰拱，其受力情况如图 4-10（a）所示[4-3,4-4]。由图可知，受对称荷载的对称结构可简化为半对称结构进行分析。假设支座 B 处所受水平反力为 F_H。拱券上所受分布荷载为：

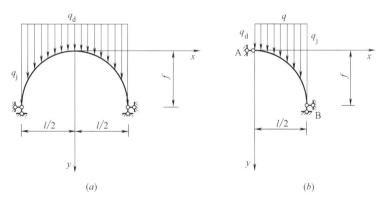

图 4-10　拱券简化模型

$$q = q_d + \gamma y \tag{4-1}$$

式中：

q_d——拱券顶部所受均布压力，包括拱券结构自重、拱券顶部覆土自重及均布活荷载；

γ——上覆土容重。

假定该拱轴线为合理拱轴线，则对任意截面有：

$$F_H y - M_x = 0 \tag{4-2}$$

则：

$$y = \frac{M_x}{F_H} \tag{4-3}$$

对式（4-3）进行二阶微分求导，得：

$$y'' = \frac{1}{F_H} \frac{d^2 M_x}{dx^2} = \frac{q_d + \gamma y}{F_H} \tag{4-4}$$

$$y'' - \frac{\gamma}{F_H} y = \frac{q_d}{F_H} \tag{4-5}$$

解微分方程（4-5），并根据两端约束条件得：

$$y = \frac{q_d}{\gamma} \left(\text{ch} \sqrt{\frac{\gamma}{F_H}} x - 1 \right) \tag{4-6}$$

令 $m = q_j / q_d$，则：

$$m = \frac{q_j}{q_d} = \frac{q_d + \gamma f}{q_d} = 1 + \frac{\gamma}{q_d} f \tag{4-7}$$

式中：

f——拱券矢高。

故：

$$\frac{q_d}{\gamma} = \frac{f}{m-1}, \gamma = \frac{q_d}{f}(m-1) \tag{4-8}$$

令：

$$k^2 = \frac{q_d}{f F_H}(m-1) \tag{4-9}$$

则式（4-6）可写为：

$$y = \frac{f}{m-1}(\text{ch} kx - 1) \tag{4-10}$$

式中的 k 值与比值 m 的关系可通过以下条件求解：

当 $x = l/2$ 时，$y = f$；则：

$$\text{ch} \frac{l}{2} k = m \tag{4-11}$$

则有：

$$k = \frac{2\ln(m + \sqrt{m^2 - 1})}{l} \tag{4-12}$$

由上式可知，当拱券上部的荷载及矢高确定后，拱券的合理拱轴线方程可确定。

由式（4-9）可得拱脚处水平推力为：

$$F_{\mathrm{H}}=\frac{q_{\mathrm{d}}}{k^{2}f}(m-1) \qquad (4\text{-}13)$$

由式（4-13）可知，适当增大拱券的矢高可有效减小拱脚处的水平推力，同时，合理的矢跨比可使得拱券内弯矩有效地转化为轴向压力，从而提高结构整体承载力。

4.3.2　破坏影响因素分析

由上述分析可知，拱券结构的整体受力与拱轴线的几何尺寸密不可分，其中拱券的跨度和矢高具有决定性作用。当矢跨比过小时，会使得拱脚对窑腿产生较大的水平推力，造成窑洞边腿外闪或拱肩处受剪破坏。因此，窑腿的宽度和高度对独立式窑洞的整体稳定性和抵御灾害的能力都具有重要影响。其次，窑洞拱券是通过砖或石间的咬合作用进行力的传递与转化，当砌筑砂浆黏聚力大、砖或石间采用"券、伏"相结合的方式进行砌筑时，拱券结构的整体性增强，结构刚度增大，从而具有较高的承载能力。

此外，外界环境对独立式窑居的影响不可忽视。独立式窑洞上部通常采用黄土进行回填压实，一旦长时间不进行修缮处理，土层中会产生纵横节理和生长植物根系，在雨水侵蚀作用下会导致窑洞发生漏水、局部冒顶及坍塌等破坏。窑居建筑多数处于季节性冻土地区，反复的冻融及干湿交替作用使得砌筑砂浆和砖发生酥碱，严重情况下影响结构整体承载力，从而引起局部或整体坍塌。

本章参考文献

[4-1]　王崇恩，李媛昕，朱向东，荆科学. 店头村石碹窑洞建筑结构分析 [J]. 太原理工大学学报，2014，45（5）：638-642.

[4-2]　莫非. 软土地质条件下小跨径三心圆拱轴线优化研究 [J]. 黑龙江交通科技，2019，7：90-91.

[4-3]　闫月梅. 石砌窑洞拱圈的受力分析和截面计算 [J]. 工程力学，1996：663-666.

[4-4]　闫月梅. 石砌窑洞合理拱圈的研究 [J]. 工程力学，1995：2058-2061.

第5章

>>>>>>

黄土窑洞受力机理及几何参数敏感性分析

5.1 黄土窑洞使用荷载及作用调查

不同的窑洞承受的荷载有所差异，但大致可分为以下几种：

（1）覆土及结构自重

除了特殊的薄壳拱顶外，窑洞顶部必有覆土。土窑顶覆土多在 3m 以上，独立式窑洞也在 1～2.5m 之间。覆土的作用有三点：一是压顶作用，二是保温隔热，三是调剂湿度。

竖直方向距覆土表面 z 处的土体所承受的压力为其上部土体的自重应力 γ_z。

土体的自重是窑洞承受的主要竖向荷载，另外窑洞的竖向荷载还包括结构构件、维护构件、面层及装饰等自重。竖向荷载能让拱圈受压，保证拱圈的稳定性。

（2）活荷载

窑洞的动荷载包括人员在其上走动，以及晾晒粮食产生的荷载。

（3）侧向土压力

对于靠崖式窑洞和下沉式窑洞，窑洞的侧墙还会承受侧向土压力。土压力可分为三种：主动土压力，静止土压力和被动土压力。当侧墙静止不时，即窑洞正常使用时，墙后土体由于墙的侧限作用而处于静止状态，此时墙后土体作用在墙背上的土压力称为静止土压力。

在侧墙后水平填土表面以下，任意深度 z 处取一微小单元体。作用在此微元体上的竖向力为土的自重压力 γ_z，该处的水平向作用力即为静止土压力，按以下方法计算：

静止土压力计算公式

$$p_0 = K_0 \gamma z \tag{5-1}$$

式中：K_0——静止土压力系数；

γ——土的重度，kN/m^3；

z——计算点深度，m。

静止土压力系数 K_0，即土的侧压力系数按照经验可取为：

砂土 $K_0 = 0.34 \sim 0.45$；

黏性土 $K_0 = 0.5 \sim 0.7$。

按照半经验公式可有：

$$K_0 = 1 - \sin\phi' \tag{5-2}$$

式中：ϕ'——土的有效内摩擦角，(°)。

（4）雪荷载

雪荷载是指作用在建筑物或构筑物顶面上计算用的雪压。是由积雪形成的，是自发性的气象荷载。雪载值的大小，主要取决于依据气象资料而得的各地区降雪量、屋盖形式、建筑物的几何尺寸以及建筑物的正常使用情况等。

雪荷载的相关计算方法可参考《建筑结构荷载规范》GB 50009 中的内容。

（5）地震作用

地震作用是指由地运动引起的结构动态作用，分水平地震作用和竖向地震作用。窑洞主要分布于我国的黄土高原地区，而这些地区地震频发，窑洞的抗震性能较差，在地震作用下，窑洞会发生不同形式的破坏。根据历史震害调查表明，在地震力作用下，窑洞会发生不同程度的破坏，如窑脸坍塌，洞顶土体塌落，严重的斜裂缝会造成洞顶土体的塌落，以致窑洞完全被破坏[5-1]。

对 1970 年宁夏西吉发生 5.7 级地震，处于 7 度区的土坯拱房与窑洞所作的震害调查资料进行整理得到表 5-1。

宁夏西吉地震房屋震害率   表 5-1

建筑物	调查数	震害率			
		倒塌	破坏	轻微破坏	完好
土坯拱房	259	64%	24%	3%	9%
窑洞	45	42%	14%	13%	31%

对 1976 年内蒙古自治区和林格尔发生 6.3 级地震，对分别处在 6 度、7 度、8 度区的 21 个居民点进行了调查，并鉴定了 1006 间木构架房屋、669 间土坯拱房和 369 个窑洞，将这些建筑物遭受中等程度破坏、严重破坏全部倒塌的百分率绘于表 5-2。

内蒙古和林格尔地震房屋震害率   表 5-2

建筑物类型	调查数	震害率		
		6 度	7 度	8 度
木结构	1006	11.4%	47.6%	68%
土坯拱房	669	36.2%	68.1%	92%
窑洞	369	31.7%	48.1%	82%

由表 5-2 可以知道，虽然窑洞的震害相比木结构和土坯拱房较轻，但是窑洞在地震作用的震害率依然很高，地震不仅会造成人民巨大的财产损失，而且严重威胁人民的生命安全。因此研究地震作用下窑洞的受力情况，为窑洞的建造提供理论指导以提高窑洞的抗震

性能具有重大意义。

5.2 黄土窑洞的传力机制和受力机理

窑洞的结构形式和受力都比较简单，窑洞承受的竖向荷载主要为覆土自重，且内部并没有梁柱等承重构件，其之所以能够屹立而不动是因为窑顶采用了拱券这种特殊的结构形式[5-2]。

拱券是一种建筑结构，是拱和券的合称，又称券洞、发券，是用块状料（例如土坯、石、砖）砌筑而成的跨空砌体，利用块状料之间的相互挤压所产生的侧向压力形成的跨空结构体系。

窑洞上部覆土压力作用于拱券之上，使拱券承受压力并将其传递给窑腿和侧墙。窑腿和侧墙因此承受由拱券传递而来的斜向下的压力，但两侧窑洞传递给窑腿的压力的水平方向分力可相互抵消。侧墙所受压力可以分解到两个方向：一是竖直向下的力；二是水平背离窑洞方向的力。其中所受水平方向的力与侧向土压力相互平衡。

为了更好地了解窑洞的传力机制和受力机理，我们采用有限元软件对窑洞进行建模分析。该软件是融结构、流体、电场、磁场、声场分析于一体的大型通用有限元分析软件。在核工业、铁道、石油化工、机械制造、能源、汽车交通、国防军工、土木工程、轻工、地矿、水利、日用家电等领域有着广泛的应用。

通过对黄土窑洞民居的统计归纳，民间拱券跨度分别为 3050、3010、3000、2980、3030、3000mm；相对应的拱券高度分别为 1460、1720、1455、1520、1550、1453mm，窑室作用不同，拱券尺寸亦不相同。根据窑室的大小可将窑室分为一丈五窑、九五窑、八五窑和七五窑等。一丈五窑指窑室跨度为 3.33m，窑室高度（拱券顶部距地面之间的高度）为 3.50m；以此类推，九五窑的窑室跨度为 3.00m，窑室高度为 3.17m；八五窑的窑室跨度为 2.67m，窑室高度为 2.83m；七五窑的窑室跨度为 2.33m，窑室高度 2.5m。

窑洞拱券体系的构筑尺寸大多以匠人的经验为依据，并以口传心授的方式代代相传。为了便于模拟分析和计算。将其进行简化处理，将拱轴线的几何形状简化为：双心圆拱、三心圆拱、圆弧拱（如半圆拱）、割圆拱、平头拱（如平头三心圆拱）、抛物线拱和落地抛物线拱七大类。

在本次模拟分析中，窑洞的拱券形式选择为半圆拱，按照结构形式的不同分别建立靠崖式窑洞、下沉式窑洞和独立式窑洞模型。

5.2.1 靠崖式窑洞有限元模型建立

靠崖式窑洞模型选择单孔式窑洞，窑洞跨度选择为 3.4m，窑室高度选择为 3.5m；窑洞进深为 8m；上部覆土厚度为 6m。土体模型尺寸为 43.4m×48m×29.5m。根据圣维南原理，土体边界距离窑洞较远，认为无位移产生，因此土体的边界条件为：窑洞两侧、后方和下部土体均约束面的法向位移。前方和上方为自由面。窑洞所受荷载仅考虑覆土自重，不考虑其他荷载。模型建立完成后如图 5-1 所示。

划分单元时，对窑洞及窑洞附近土体的网格进行细化，远离窑洞的土体网格可以划分的粗糙一点，这样既不会影响计算精度，也有利于提高运行速度。网格划分如图 5-2 所示。

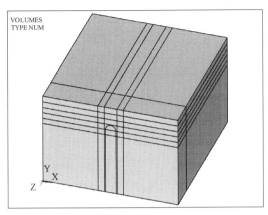

图 5-1　窑洞几何模型

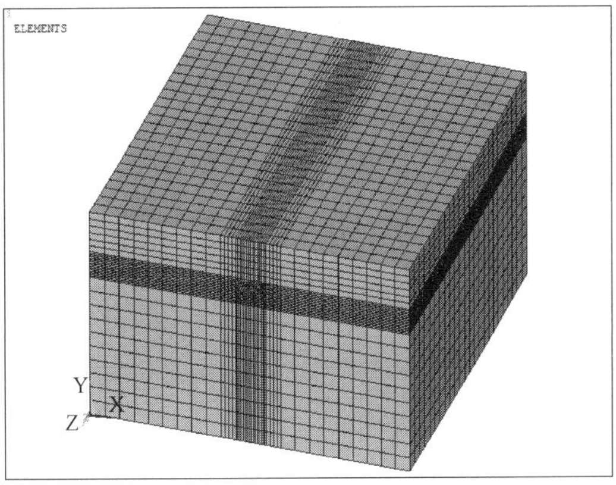

图 5-2　窑洞网格划分

为了考虑初始地应力的影响，将计算过程分为两个分析步，第一个分析步骤，考虑整个土体在自重作用下产生的位移和应力。第二个分析步骤，将窑洞部分的土体"杀死"，得到剩下土体在自重和井挖作用下的位移和应力。在提取土体由于开挖作用产生的竖向位移时，需要将第二个分析步骤所得结果减去第一个分析步骤的结果。"杀死"窑洞单元后的网格图如图 5-3 所示。

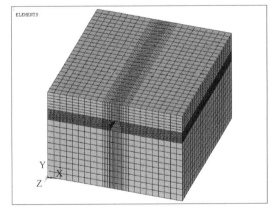

图 5-3　"杀死"窑洞后的土体模型

在模型中，土体采用 solid 45 单元，材料选择 Q_2 黄土，其本构选择 Drucker-Parger 模型。Drucker-Parger 屈服准则的数学表达式为：

$$F_{dp} = \alpha I_1 + \sqrt{J_2} - k \tag{5-3}$$

这个屈服面在主应力空间中是一个直立的圆锥面，空间等倾线（静水应力轴，$\sigma_1 = \sigma_2 = \sigma_3$）为它的轴，式中，$\alpha$ 和 k 为材料常数，依据不同的 Drucker-Parger 圆锥面与 Mhor-Cuolomb 六角形表面的近似方式确定。当 Drucker-Prager 圆锥面是通过 Mohr-cuolmob 不等角六角锥外角点的外接圆锥时，有：

$$\alpha = \frac{2\sin\phi}{\sqrt{3}(3 - \sin\phi)}, k = \frac{6c\cos\phi}{\sqrt{3}(3 - \sin\phi)}$$

当是通过内角点的外接圆锥时，有：

$$\alpha = \frac{2\sin\phi}{\sqrt{3}(3+\sin\phi)}, k = \frac{6c\cos\phi}{\sqrt{3}(3+\sin\phi)}$$

当是 Mohr-Coulomb 不等角六角锥的内切圆锥时，有：

$$\alpha = \frac{\tan\phi}{(9+12\tan^2\phi)^{\frac{1}{2}}}, k = \frac{3c}{(9+12\tan^2\phi)^{\frac{1}{2}}}$$

Drucker-Prager 圆锥面虽然表面光滑，考虑了中间主应力的影响，但遗憾的是它与某些应力组合形成的真实破坏曲面来说都不够理想。尽管如此，当 $\theta_\sigma = \pm\frac{\pi}{6}$，Mohr-Coulomb 屈服面可以采用相应的 Drucker-Prager 圆锥面形式，使其棱角附近的偏导数有确定的值，即：

$$\theta_\sigma = \frac{\pi}{6} : F_{mc}^1 = \frac{2\sin\phi}{\sqrt{3}(3-\sin\phi)}I_1 + \sqrt{J_2} - \frac{6c\cos\phi}{\sqrt{3}(3+\sin\phi)} = 0$$

$$\theta_\sigma = -\frac{\pi}{6} : F_{mc}^2 = \frac{2\sin\phi}{\sqrt{3}(3+\sin\phi)}I_1 + \sqrt{J_2} - \frac{6c\cos\phi}{\sqrt{3}(3+\sin\phi)} = 0$$

因 $J_2 = 0$ 的可能性不大，不计算尖顶点处的导数。

根据圣维南原理，模型边界距离窑洞开挖面较远，可认为无位移产生，因此土体的边界条件为：土体左右两侧、后方和下侧土体均约束其法向位移。前方和上侧为自由面。在整个计算过程中，窑洞所受荷载仅考虑覆土自重，不考虑其他荷载。

黄土具体属性见表 5-3。

黄土材料属性表   表 5-3

材料	弹性模量（MPa）	泊松比	黏聚力（kPa）	摩擦角（°）	容重（kN/m³）
Q_2 黄土	51.5	0.25	51.8	28.1	13.5

5.2.2 靠崖式窑洞计算结果分析

经计算分析，可得到窑洞的应力云图如图 5-4～图 5-11 所示。

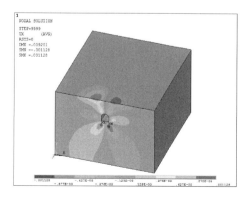

图 5-4 整体模型 X 向位移云图

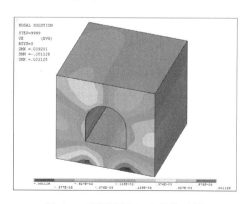

图 5-5 窑洞附近 X 向位移云图

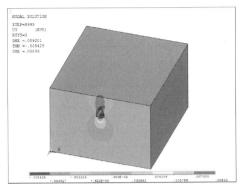

图 5-6　整体模型 Y 向位移云图

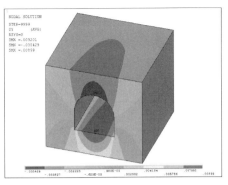

图 5-7　窑洞附近 Y 向位移云图

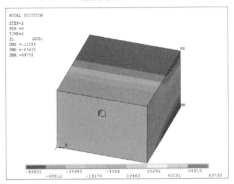

图 5-8　整体模型主拉应力云图

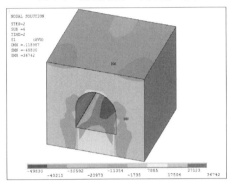

图 5-9　窑洞附近主拉应力云图

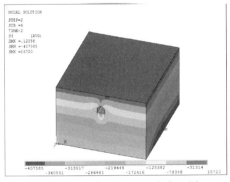

图 5-10　整体模型主压应力云图

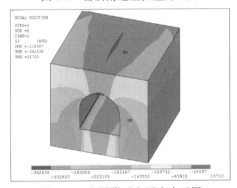

图 5-11　窑洞附近主压应力云图

在窑脸上选取如图 5-12 所示 9 个测点，根据这些结点的应力和位移状况分析窑洞的受力。

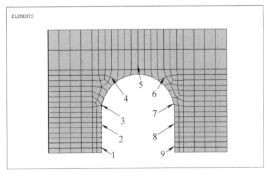

图 5-12　窑脸上的测点选择

窑脸上各测点的位移和应力表 表 5-4

测点编号	X 向位移(mm)	Y 向位移(mm)	主压应力(kPa)
1	−0.13	4.01	−239.99
2	0.43	0.91	−174.55
3	0.26	−0.46	−193.50
4	0.05	−3.83	−123.29
5	0.00	−5.43	0.33
6	−0.07	−3.81	−119.58
7	−0.26	−0.46	−191.58
8	−0.43	0.91	−174.53
9	0.13	4.01	−239.99

由图 5-12、表 5-4 可以看出：

（1）窑洞开挖后，其周围土体会出现应力释放，窑洞拱券顶部和窑洞底面附近的土体主压应力水平相比同一高程处远离窑洞的土体主压应力要大。窑洞上覆土体自重经拱券结构传递给侧墙，侧墙竖向的主压应力相比窑洞其他部位要高，其中侧墙根部主压应力最大，达−239.99kPa；拱脚处的主压应力为−193.50kPa，从拱脚到拱顶的主压应力逐步递减，拱顶主压应力为 0.33kPa，接近于零，窑洞顶部同时出现较小主拉应力，这是窑洞发生局部坍塌的诱因，此主拉应力会随着窑洞跨径的增大而增大，因而对于大跨窑洞，极易因拱顶受拉破坏而导致窑洞坍塌。

（2）窑洞两侧的应力以及位移变化基本对称，窑洞的 X 向位移很小，其中以侧墙中部土体的 X 向位移最大，为 0.43mm，窑洞开挖以后，一方面，窑洞周围土体因为荷载释放而产生回弹，侧墙土体会产生趋近窑洞方向的水平位移；另一方面，窑洞上覆土体自重会通过拱券结构传递给两侧土体，使侧墙土体产生背离窑洞方向的水平位移，在两者共同影响下，窑洞的 X 向位移总体很小。

（3）窑洞周围土体的竖向位移较大，其中侧墙中下部呈隆起趋势，隆起值随高度升高而逐渐降低，其根部竖向隆起最大，高达 4.01mm，当到达拱脚部位时，土体已呈沉降趋势。窑洞的拱券部分则发生整体沉降，其中拱脚处竖向沉降−0.46mm，拱顶处竖向沉降达−5.43mm。因而在窑洞施工过程中应针对拱券顶部的位移采取限制措施并反向施压，防止拱顶土体的坍落。

因为窑洞的应力和位移都是对称的，所以我们只选取 1、2、3、4、5 五个点进行比较，沿着窑洞进深方向，我们分别选取了距窑脸 0m、2m、4m、6m、8m 处的平面上的相应结点，将各点的 X 向位移和 Y 向位移列入表 5-5、表 5-6。

沿窑洞进深方向各横截面对于各点的 X 向位移表 表 5-5

测点编号	沿进深方向的 X 向位移(mm)				
	0	2	4	6	8
1	−0.13	−0.42	−0.26	−0.15	0.01
2	0.43	0.41	0.38	0.54	−0.04
3	0.26	0.26	0.25	0.36	0.10

续表

测点编号	沿进深方向的 X 向位移(mm)				
	0	2	4	6	8
4	0.05	−0.12	−0.04	0.00	−0.16
5	0.00	0.00	0.00	0.00	0.00

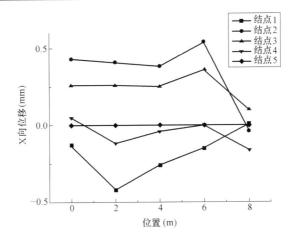

图 5-13　窑洞上对应各点的 X 向位移沿窑洞进深方向的变化图

沿窑洞进深方向各横截面对于各点的 Y 向位移表　　　　表 5-6

测点编号	沿进深方向的 Y 向位移(mm)				
	0	2	4	6	8
1	4.01	3.84	3.54	3.31	1.70
2	0.91	1.00	1.02	0.88	1.08
3	−0.46	−0.44	−0.31	−0.23	0.43
4	−3.83	−3.67	−3.30	−3.02	−0.55
5	−5.43	−4.97	−4.56	−4.16	−0.90

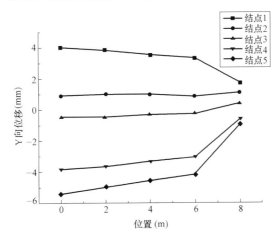

图 5-14　窑洞上对应各点的 Y 向位移沿窑洞进深方向的变化图

沿窑洞进深方向各横截面对于各点的主压应力表   表 5-7

测点编号	沿进深方向的主压应力(kPa)				
	0	2	4	6	8
1	−239.99	−251.77	−244.91	−237.43	−156.22
2	−174.55	−179.07	−176.34	−160.71	−145.99
3	−193.50	−197.57	−193.33	−186.65	−142.86
4	−123.29	−114.46	−110.01	−101.02	−101.67
5	0.33	3.27	−4.98	15.72	−74.91

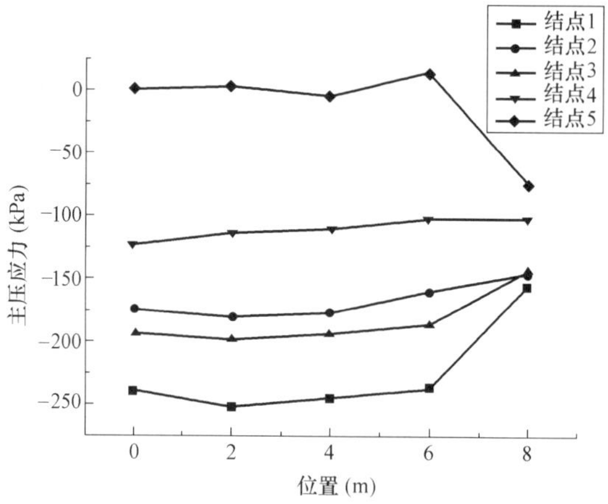

图 5-15 窑洞上对应各点的主压应力沿窑洞进深方向的变化图

从图 5-13～图 5-15、表 5-5～表 5-7 可以看出

(1) 窑洞沿进深方向各点的位移趋势基本一致,其中在中部 X 向位移较大,窑脸部位及窑室内墙平面上对应各点的 X 向位移较小,窑室内墙因受土体约束,其墙面上结点的 X 向位移趋近于零。

(2) 沿着进深方向各截面上结点的位移趋势和窑脸一致,都是在侧墙根部隆起最大,在拱券顶点沉降最大。各个平面上对应各点的 Y 向位移沿着窑洞的进深方向逐渐降低,至进深为 8m 时趋近于零。

(3) 除窑洞内墙截面外,主压应力沿着进深方向总体变化不大,偶有波动。

5.2.3 下沉式窑洞有限元模型建立

下沉式窑洞通常是在平缓的黄土塬上向下挖出深 6～7m,边长 9m 左右的正方形作为窑院,然后再从窑院四壁向挖出 8～12 孔窑洞,可分为主窑、偏窑、厨房窑和茅厕窑等,并在其中一孔窑洞开凿出连通地面的坡道,各孔窑洞大小并不一致,且角窑与墙壁尚有一定的角度,在建模过程中,对下沉式窑洞进行一定的简化:

(1) 仅将窑洞分为主窑和偏窑两种,同类窑洞尺寸一致。

(2) 窑洞轴线均与所在墙壁垂直,即忽略窑洞的偏移角度。

土体模型尺寸为 105m×105m×26m,下沉式窑洞位于土体模型中间,自地面向下挖出深为 6m,边长为 9m 的正方形,在窑院四侧共开挖 8 孔窑洞,每侧各 2 孔,其中前后 4 孔为主窑,窑洞跨度为 3.0m,拱矢高度 1.5m,侧墙高度 1.8m;左右 4 孔为偏窑,窑洞跨度为 2.8m，拱矢高度 1.4m，侧墙高度 1.4m。同侧的两孔窑洞之间间距 2m，窑洞进深均为 8m。窑洞边界距土体边界的距离足够远，认为无位移产生，因此土体的边界条件为：窑洞四侧和下部土体边界均约束面的法向位移，上方为自由面。窑洞所受荷载仅考虑覆土自重，不考虑其他荷载。模型建立完成后如图 5-16 所示。

　　开挖出窑院和窑洞后如图 5-17 所示。

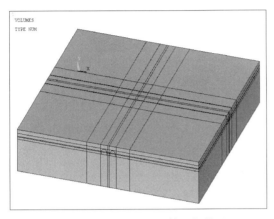
图 5-16　下沉式窑洞整体几何模型

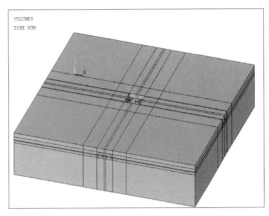
图 5-17　开挖出窑院和窑洞后的几何模型

窑院及窑洞具体构造如图 5-18 所示。

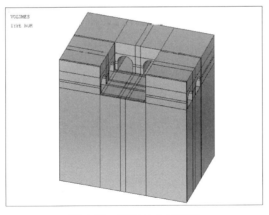
图 5-18　窑洞处几何模型

　　下沉式窑洞民居的模型计算过程包括：第一步计算整个土体在自重应力作用下的应力和位移，第二步和第三步利用该软件的单元生死技术分别计算土体在开挖出窑院及窑院和窑室之后的应力和位移。窑院的开挖将导致窑院周围土体的应力进行重新分布、坑底的隆起和四壁向中心的回弹。开挖窑院对土体产生的变形影响可通过第二步减去第一步的结果得到，同理可由第三步减去第一步得到开挖整个下沉式院落对土体产生的总的变形影响。

5.2.4　下沉式窑洞有限元计算结果分析

　　经计算分析，可得到窑洞的应力云图如图 5-19～图 5-26 所示。

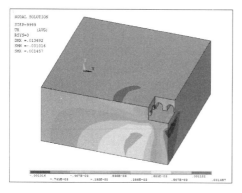

图 5-19　窑洞整体 X 向位移云图

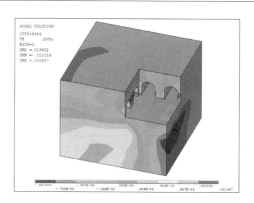

图 5-20　窑洞处 X 向位移云图

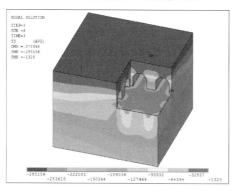

图 5-21　窑洞整体 Z 向位移云图

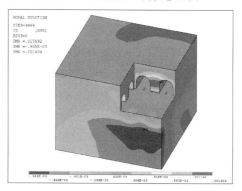

图 5-22　窑洞处 Z 向位移云图

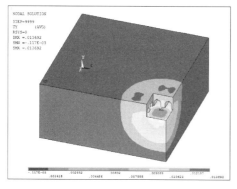

图 5-23　窑洞整体 Y 向位移云图

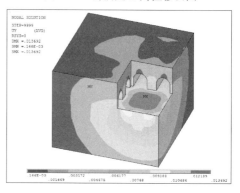

图 5-24　窑洞处 Y 向位移云图

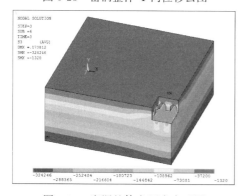

图 5-25　窑洞整体主压应力云图

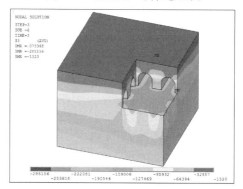

图 5-26　窑洞处主压应力云图

从图 5-19~图 5-26 可以看出：

土体的水平向位移体现在两方面，一是沿窑洞的横截面方向，二是沿窑洞的进深方向。其中在窑洞的横截面方向，窑洞侧墙土体有向内回弹的趋势，其中侧墙中部土体的位移较大；在窑洞的进深方向，窑洞窑脸一定范围内的土体有向外开展的趋势，其中以同侧 2 孔窑洞的中间窑腿表现得最为明显。

在竖向，土体整体均表现为向上隆起状态，其中窑院的隆起最为明显，以窑院为中心，向四周扩散，应力云图呈球形分布。

从主压应力云图来看，土体从上至下的压应力逐步增大，窑洞拱券顶部以及窑院、窑室地面的土体则因窑洞开挖造成的荷载释放而表现出了较小的压应力水平。

因为整个模型是对称的，所以取图 5-27 所示 2 个窑洞进行分析，其中 1 号窑洞为偏窑，2 号窑洞为主窑。每个窑洞分别取 9 个点，取点位置同上。

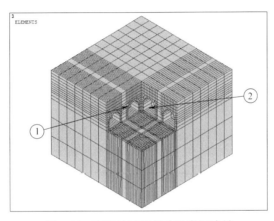

图 5-27　窑洞处网格划分及窑洞编号

1 号窑洞各点的位移和应力表　　　　　　　　　　表 5-8

结点编号	Z 向位移	Y 向位移	主压应力
1-1	−0.28	8.69	−209.24
1-2	−0.80	6.00	−192.79
1-3	−0.59	4.77	−168.88
1-4	−0.03	1.94	−71.32
1-5	0.04	1.19	−7.82
1-6	0.18	1.57	−61.40
1-7	0.62	3.84	−150.56
1-8	0.59	4.84	−187.74
1-9	−0.05	7.51	−212.76

2 号窑洞各点的位移和应力表　　　　　　　　　　表 5-9

结点编号	X 向位移	Y 向位移	主压应力
2-1	0.00	7.30	−230.62
2-2	0.74	4.79	−192.49

结点编号	X向位移	Y向位移	主压应力
2-3	0.74	3.43	−132.15
2-4	0.26	1.75	−65.21
2-5	0.07	1.17	−4.44
2-6	−0.05	2.26	−75.32
2-7	−0.47	4.50	−156.65
2-8	−0.78	6.38	−188.23
2-9	−0.28	8.93	−202.54

从表5-8、表5-9可以看出：

窑脸所在横截面各点的水平位移，以窑腿中部最大，达到了 0.7～0.8mm，位移值要比单孔窑洞时大很多，方向均朝向窑洞内侧。拱券部分的水平位移很小，趋近于零。

下沉式窑洞的上覆土体厚度较小，其Y向位移均为正值，即窑洞各点均隆起。且1号窑洞的左侧窑腿、2号窑洞的右侧窑腿较两个窑洞交汇处的窑腿隆起要大，交汇处两个窑腿相同高度的位移变化接近一致。其中1号窑洞左侧窑腿根部、拱券顶部分别隆起 8.69mm、1.19mm，2号窑洞右侧窑腿根部、拱券顶部分别隆起 8.93mm、1.17mm。窑洞的整体隆起由两方面的原因造成的：一是窑洞的覆土厚度较小，为 2.5m，覆土压力较小；二是下沉式窑洞开挖要经历两步开挖过程，包括窑院开挖和窑洞开挖，土体开挖后会导致周围土体的应力释放，使得周围土体向上隆起。其中窑院开挖所引起的隆起最为明显，在如果不考虑窑院开挖导致的土体隆起，1号窑洞左侧窑腿根部隆起 3.60mm、−2.34mm，2号窑洞右侧窑腿根部、拱券顶部分别隆起 3.84mm、−2.30mm。两个窑洞的窑腿上部隆起均已很小，拱券结构则整体呈沉降状态。由此可见，窑院开挖对窑洞Y向位移的影响巨大。

窑洞的主压应力仍然自两侧窑腿根部向拱券顶部逐渐减小，窑洞拱券顶部的主压应力较小，趋近于零，1号、2号窑洞交汇处的窑腿主压应力因叠加作用而大于另一条窑腿。

5.3 黄土窑洞合理受力模型

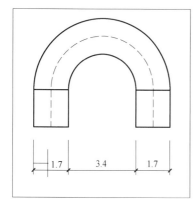

图5-28 窑顶尺寸

根据有限元分析的基础，将窑洞的窑顶部分简化成两铰拱，用结构力学求解器求解出结构的弯矩图、轴力图和剪力图。窑顶总跨度为5.1m，其依据是根据有限元分析结果确定侧墙的宽度，大致为1.7m，窑顶的实际跨度是3.4m，则两侧侧墙的中轴线之间的跨度为5.1m，杆件的高度为1.7m，宽度取单位宽度（图5-28）。

则有：

$$EI = 51.5 \times 10^3 \times \frac{1 \times 1.7^3}{12} = 21085 \text{kN/m}$$

由于结构力学求解器无法直接输入拱形杆件，所以将窑顶沿水平方向切分成 50 份，其中由于杆件两端"较陡"，划分较细，间距为 0.034m；中间杆件"较缓"，划分较粗，间距为 0.17m，拱的两段简化为固定铰支座。其计算简图如图 5-29 所示。

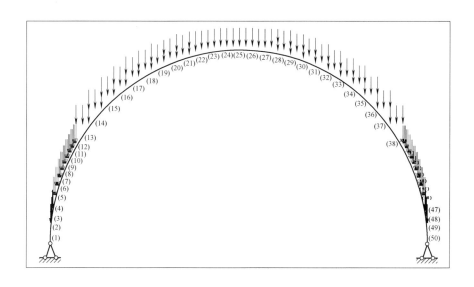

图 5-29　窑洞计算简图

拱上的荷载分为两部分，其一是杆件结构自重，简化为竖直向下的均布荷载，大小为 22.95kN/m，其二是结构上的覆土自重，根据覆土厚度和土的重度可以求得荷载和坐标的函数关系。将单元所受荷载简化为梯形分布荷载，只需求出每个单元两端的结点的荷载集度大小即可。

经求解可得结构的内力图如图 5-30 所示。

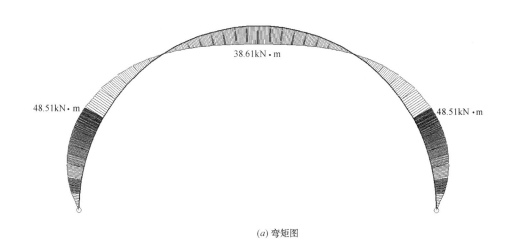

(a) 弯矩图

图 5-30　窑洞内力计算结果（一）

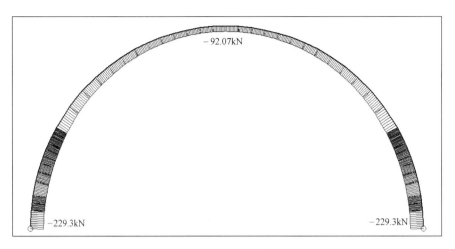

(b) 轴力图

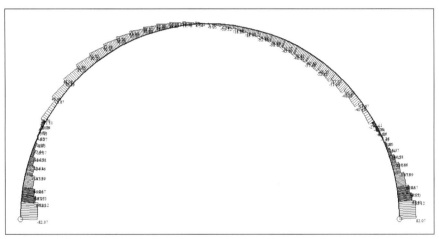

(c) 剪力图

图 5-30　窑洞内力计算结果（二）

拱在给定荷载作用下，当拱上各个截面不产生弯矩和剪力，而只有轴力时，各截面都处于均匀受压的状态，因而材料能得到充分利用，相应的拱截面尺寸将是最小的。由于拱上各截面的弯矩，除与荷载有关外，还与拱的轴线选择有关。因此，在设计只产生轴力的拱结构时，将此时的拱轴称为合理轴线。

对于覆土压力作用下的双铰拱，其受力情况如图 5-31 所示。

受正对称荷载的对称结构可以简化为半结构分析，又因为此时的拱轴为合理轴线，拱轴上弯矩处处为零。则有：

假设 A 的所受水平反力为 F_H。

结构上所受分布荷载为：

$$q = q_d + \gamma y \tag{5-4}$$

其中 q_d 为拱圈顶部所受的均布压力，包括拱圈结构自重、拱圈顶部的覆土压力以及均布活荷载。

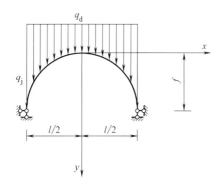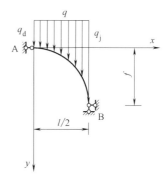

图 5-31 计算简图

则有：

$$F_H y - M_x = 0 \tag{5-5}$$

则：

$$y = \frac{M_x}{F_H} \tag{5-6}$$

对 y 求 2 阶倒数，可得：

$$y'' = \frac{\mathrm{d}^2}{\mathrm{d}(x^2)}\left(\frac{M_x}{F_H}\right) = \frac{1}{F_H}\frac{\mathrm{d}^2 M_x}{\mathrm{d}(x^2)} = \frac{q_d + \gamma y}{F_H} \tag{5-7}$$

$$y'' - \frac{\gamma}{F_H}y = \frac{q_d}{F_H} \tag{5-8}$$

解此微分方程，并根据 A、B 两端的边界条件可得：

$$y = \frac{q_d}{\gamma}\left(\mathrm{ch}\sqrt{\frac{\gamma}{F_H}}x - 1\right) \tag{5-9}$$

因为推力 F_H 未知，在公式中引入比值 $m = \dfrac{q_j}{q_d}$，则因

$$\frac{q_j}{q_d} = \frac{q_d + \gamma f}{q_d} = 1 + \frac{\gamma}{q_d}f$$

故有：

$$\frac{q_d}{\gamma} = \frac{f}{m-1} \tag{5-10}$$

另外，再引入新的变量 $\xi = \dfrac{x}{l/2}$，以及新的常量 $k = \dfrac{l}{2}\sqrt{\dfrac{\gamma}{F_H}}$，则合理拱轴的方程可写成：

$$y = \frac{f}{m-1}(\mathrm{ch}k\xi - 1) \tag{5-11}$$

此式为列格氏悬线公式。式中 k 值与比值 m 的关系式可以通过下列条件求出：

当 $\xi = 1$ 时，$y = f$；故：$\mathrm{ch}k = m$

或者

$$k = \ln(m + \sqrt{m^2 - 1}) \tag{5-12}$$

因此只要拱趾和拱顶的荷载集度之比 $m=\dfrac{q_{\mathrm j}}{q_{\mathrm d}}$ 已知，则拱轴方程即可确定。

5.4 几何构造参数对黄土窑洞力学性能影响分析

为进一步分析窑洞覆土厚度、窑洞跨度、拱矢高度以及侧墙高度对窑洞受力性能的影响，分别控制单一变量建立了多个窑洞模型（表5-10）并加以分析，分析这些几何构造参数对窑洞受力的影响，我们分别建模予以分析。

窑洞模型尺寸表　　　　　　　　　　　　　　表 5-10

窑洞编号	覆土厚度(m)	拱跨(m)	拱矢高度(m)	侧墙高度(m)
1	2	3.4	1.7	1.8
2	4	3.4	1.7	1.8
3	6	3.4	1.7	1.8
4	8	3.4	1.7	1.8
5	10	3.4	1.7	1.8
6	12	3.4	1.7	1.8
7	6	3.5	1.7	1.8
8	6	3.6	1.7	1.8
9	6	3.7	1.7	1.8
10	6	3.8	1.7	1.8
11	6	3.9	1.7	1.8
12	6	3.4	1.2	1.8
13	6	3.4	1.3	1.8
14	6	3.4	1.4	1.8
15	6	3.4	1.5	1.8
16	6	3.4	1.6	1.8
17	6	3.4	1.7	1.2
18	6	3.4	1.7	1.4
19	6	3.4	1.7	1.6
20	6	3.4	1.7	2.0
21	6	3.4	1.7	2.2

5.4.1 覆土厚度影响分析

以3号窑洞为基准，保持窑洞其他参数不变，分别设定窑洞上覆土体厚度为2m、4m、6m、8m、10m和12m，因为窑洞沿进深方向各横截面相应各点的受力和位移趋势一致，因此只需选取窑脸所在平面上的结点进行分析。通过对比1、2、3、4、5、6号模型分析覆土厚度对窑洞受力的影响，计算结果如图5-32～图5-49所示。

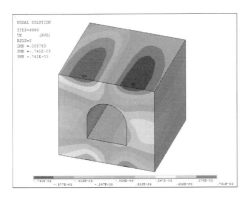

图 5-32　覆土厚度为 2m 时 X 向位移云图

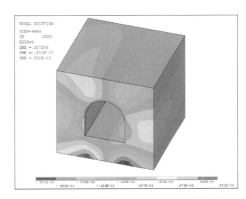

图 5-33　覆土厚度为 4m 时 X 向位移云图

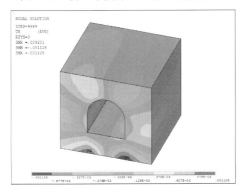

图 5-34　覆土厚度为 6m 时 X 向位移云图

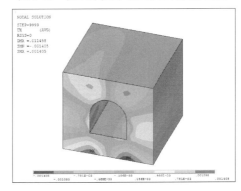

图 5-35　覆土厚度为 8m 时 X 向位移云图

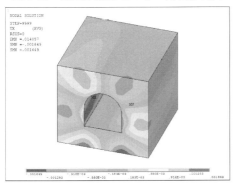

图 5-36　覆土厚度为 10m 时 X 向位移云图

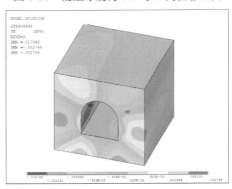

图 5-37　覆土厚度为 12m 时 X 向位移云图

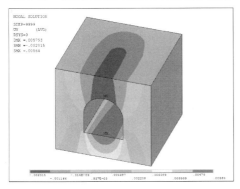

图 5-38　覆土厚度为 2m 时 Y 向位移云图

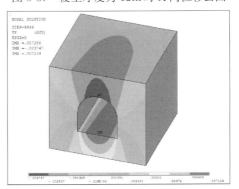

图 5-39　覆土厚度为 4m 时 Y 向位移云图

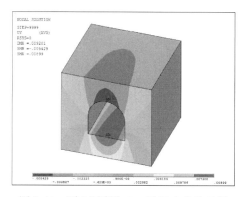

图 5-40　覆土厚度为 6m 时 Y 向位移云图

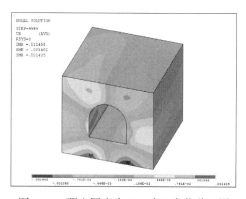

图 5-41　覆土厚度为 8m 时 Y 向位移云图

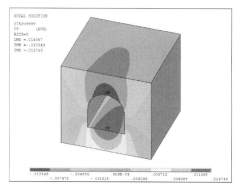

图 5-42　覆土厚度为 10m 时 Y 向位移云图

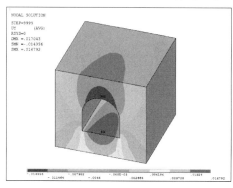

图 5-43　覆土厚度为 12m 时 Y 向位移云图

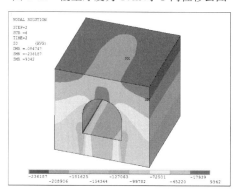

图 5-44　覆土厚度为 2m 时主压应力云图

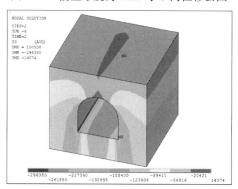

图 5-45　覆土厚度为 4m 时主压应力云图

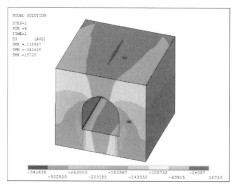

图 5-46　覆土厚度为 6m 时主压应力云图

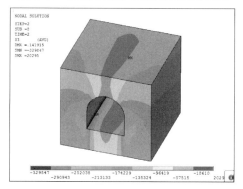

图 5-47　覆土厚度为 8m 时主压应力云图

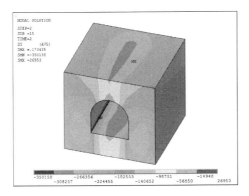

图 5-48　覆土厚度为 10m 时主压应力云图

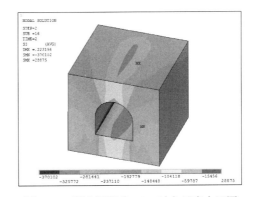

图 5-49　覆土厚度为 12m 时主压应力云图

窑洞在不同覆土厚度时各点的 X 向位移表（mm）　　　　表 5-11

结点编号 覆土厚度	1	2	3	4	5
2m	−0.10	0.01	−0.06	−0.2	0.00
4m	−0.11	0.25	0.09	−0.06	0.00
6m	−0.13	0.43	0.26	0.05	0.00
8m	−0.14	0.81	0.40	0.17	0.00
10m	−0.07	1.31	0.76	0.13	0.00
12m	0.13	1.88	1.19	0.16	0.00

窑洞在不同覆土厚度时各点的 Y 向位移表（mm）　　　　表 5-12

结点编号 覆土厚度	1	2	3	4	5
2m	2.83	1.46	0.70	−1.05	−2.02
4m	3.21	1.17	0.05	−2.52	−3.75
6m	4.01	0.91	−0.46	−3.83	−5.43
8m	5.30	0.79	−1.38	−5.50	−7.52
10m	6.37	0.33	−2.71	−8.06	−10.35
12m	7.46	−1.15	−5.47	−12.57	−15.00

窑洞在不同覆土厚度时各点的主压应力（kPa）　　　　表 5-13

结点编号 覆土厚度	1	2	3	4	5
2m	−159.27	−100.28	−106.65	−59.14	1.43
4m	−206.29	−143.85	−160.16	−90.14	0.87
6m	−239.99	−174.55	−193.50	−123.29	0.33
8m	−235.66	−173.88	−199.32	−140.84	−0.98
10m	−242.14	−176.24	−205.08	−156.68	−2.24
12m	−250.00	−177.68	−207.26	−169.21	−3.19

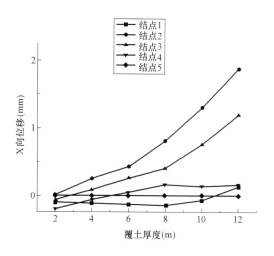

图 5-50　窑洞各点 X 向位移随覆土厚度的变化图

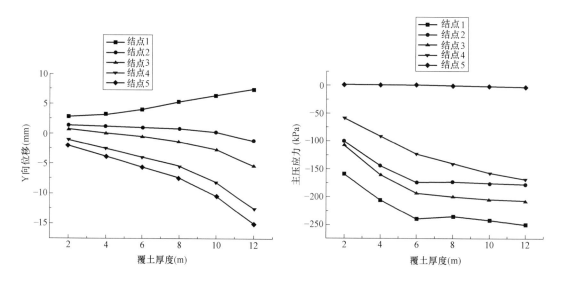

图 5-51　窑洞各点 Y 向位移随覆土厚度的变化图　　图 5-52　窑洞各点主压应力随覆土厚度的变化图

　　通过表 5-11～表 5-13、图 5-50～图 5-52 可知，随着覆土厚度的增大，窑洞上 1、2 两点的水平位移绝对值也随之增大，3、4 两点的水平位移则从负向逐渐减小至零并反向增大，其中 2、3 两点 X 向位移的增长最为显著，且其增长速度随覆土厚度的增加而加快。窑洞上 1、4、5 三点的 Y 向位移绝对值随覆土厚度的增大而渐增，且增加速度亦随之加快。当覆土厚度为 12m 时，1、4、5 三点的 Y 向位移分别达到 7.46mm、−12.57mm 和 −15.00mm。当覆土厚度较小时，2、3 点向上隆起，随着覆土厚度的增大，两点逐渐由隆起变为沉降且沉降值逐渐变大，当覆土厚度达到 12m 时，2、3 两点的沉降分别达到了 −1.15mm 和 −4.47mm。这说明，当覆土厚度很小时，侧墙整体是呈隆起状态的，随着窑洞上覆土厚度的增加，侧墙根部的隆起会越来越大，但沿着侧墙向上，各点竖向位移逐渐加快减小，覆土深度在 6m 以上时，侧墙上部已经呈沉降趋势了。各点的主压应力绝对值大小随着覆土厚度的增加而增大，增大的趋势则逐渐放缓。

5.4.2　拱跨影响分析

以 3 号窑洞为基准，保持窑洞其他参数不变，分别设定窑洞跨度为 3.4m、3.5m、3.6m、3.7m、3.8m 和 3.9m，分析拱跨对窑洞受力的影响，计算结果如图 5-53～图 5-70 所示。

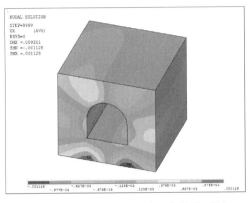

图 5-53　拱跨为 3.4m 时 X 向位移云图

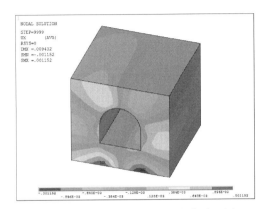

图 5-54　拱跨为 3.5m 时 X 向位移云图

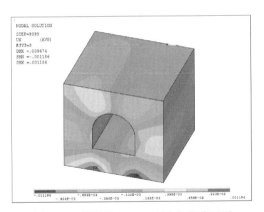

图 5-55　拱跨为 3.6m 时 X 向位移云图

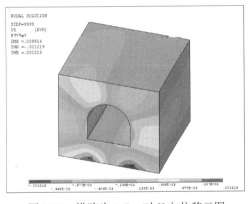

图 5-56　拱跨为 3.7m 时 X 向位移云图

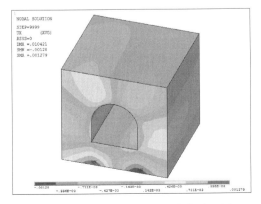

图 5-57　拱跨为 3.8m 时 X 向位移云图

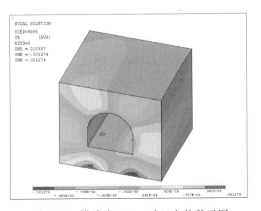

图 5-58　拱跨为 3.9m 时 X 向位移云图

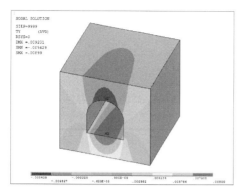

图 5-59　拱跨为 3.4m 时 Y 向位移云图

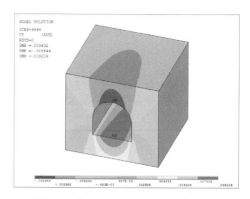

图 5-60　拱跨为 3.5m 时 Y 向位移云图

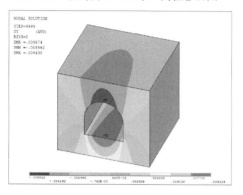

图 5-61　拱跨为 3.6m 时 Y 向位移云图

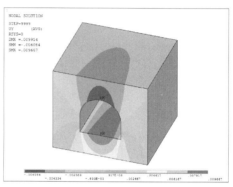

图 5-62　拱跨为 3.7m 时 Y 向位移云图

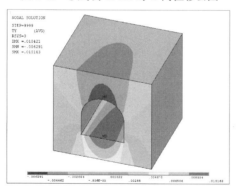

图 5-63　拱跨为 3.8m 时 Y 向位移云图

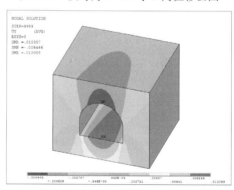

图 5-64　拱跨为 3.9m 时 Y 向位移云图

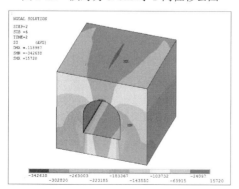

图 5-65　拱跨为 3.4m 时主压应力云图

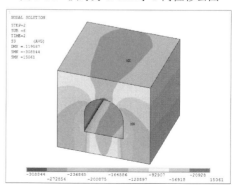

图 5-66　拱跨为 3.5m 时主压应力云图

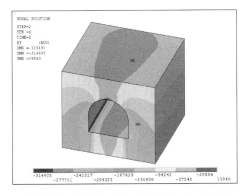

图 5-67　拱跨为 3.6m 时主压应力云图

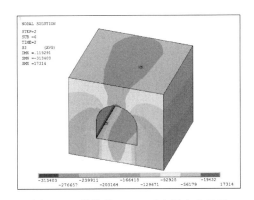

图 5-68　拱跨为 3.7m 时主压应力云图

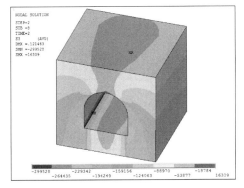

图 5-69　拱跨为 3.8m 时主压应力云图

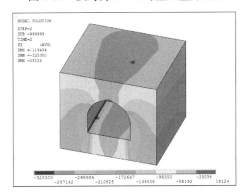

图 5-70　拱跨为 3.9m 时主压应力云图

窑洞各点的 X 向位移（mm）　　　　　　　　　　　　　　表 5-14

结点编号　　拱跨	1	2	3	4	5
3.4m	−0.13	0.43	0.26	0.05	0.00
3.5m	−0.14	0.37	0.19	0.03	0.01
3.6m	−0.17	0.33	0.14	0.02	0.01
3.7m	−0.20	0.29	0.07	0.08	0.00
3.8m	−0.23	0.26	0.02	0.02	0.00
3.9m	−0.25	0.22	−0.05	0.05	−0.01

窑洞各点的 Y 向位移（mm）　　　　　　　　　　　　　　表 5-15

结点编号　　拱跨	1	2	3	4	5
3.4m	4.01	0.91	−0.46	−3.83	−5.43
3.5m	4.08	0.87	−0.61	−4.01	−5.64
3.6m	4.16	0.84	−0.73	−4.21	−5.86
3.7m	4.20	0.82	−0.86	−4.35	−6.08
3.8m	4.28	0.79	−0.98	−4.60	−6.32
3.9m	4.19	0.94	−0.97	−4.68	−6.47

窑洞各点的主压应力 （kPa）   表 5-16

结点编号 拱跨	1	2	3	4	5
3.4m	−239.99	−174.55	−193.50	−123.29	0.33
3.5m	−227.24	−171.84	−192.09	−121.10	−0.62
3.6m	−229.74	−170.24	−194.24	−117.78	−0.45
3.7m	−229.63	−172.79	−198.38	−110.16	−0.36
3.8m	−232.00	−171.06	−199.82	−113.53	−0.25
3.9m	−238.35	−175.06	−203.65	−106.79	−0.19

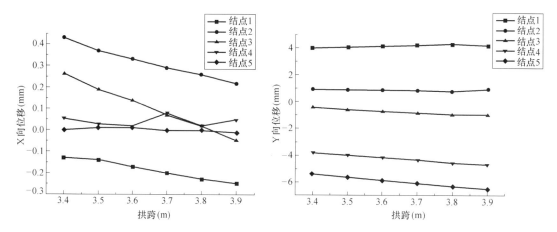

图 5-71　窑洞各点 X 向位移随拱跨大小的变化图　　　图 5-72　窑洞各点 Y 向位移随拱跨大小的变化图

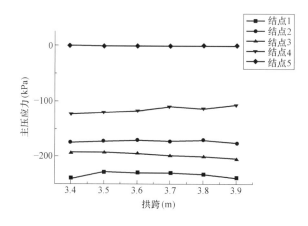

图 5-73　窑洞各点主压应力随拱跨大小的变化图

从表 5-14～表 5-16、图 5-71～图 5-73 可以看出：

（1）随着窑洞跨度的增大，侧墙上各点在水平方向向窑洞外扩展的趋势越大。窑洞拱券部分的水平位移趋近于零，变化不明显。

（2）侧墙的 Y 向位移受窑洞跨度的影响不大。窑洞拱券部分的竖向沉降随窑洞跨度的增大而有所增加，窑洞跨度自 3.4m 增大至 3.9m，拱券顶点的竖向沉降增大了 1.04mm。

（3）窑洞周围土体的最大主压应力受窑洞跨度的影响较小。

5.4.3　拱矢高度影响分析

以 3 号窑洞为基准，保持窑洞其他参数不变，分别设定窑洞拱矢高度为 1.2m、1.3m、1.4m、1.5m、1.6m 和 1.7m，分析拱矢高度对窑洞受力的影响，计算结果如图 5-74～图 5-91 所示。

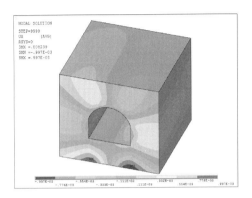

图 5-74　拱矢高度为 1.2m 时 X 向位移云图

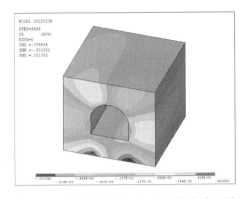

图 5-75　拱矢高度为 1.3m 时 X 向位移云图

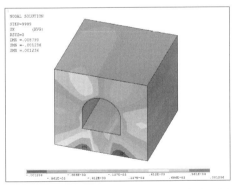

图 5-76　拱矢高度为 1.4m 时 X 向位移云图

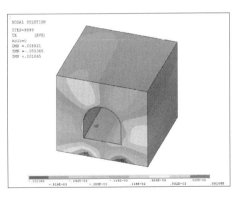

图 5-77　拱矢高度为 1.5m 时 X 向位移云图

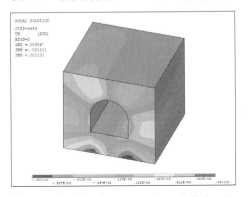

图 5-78　拱矢高度为 1.6m 时 X 向位移云图

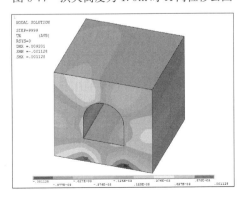

图 5-79　拱矢高度为 1.7m 时 X 向位移云图

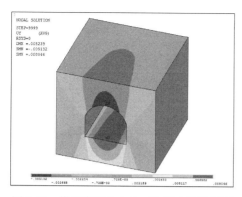

图 5-80 拱矢高度为 1.2m 时 Y 向位移云图

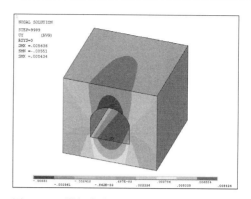

图 5-81 拱矢高度为 1.3m 时 Y 向位移云图

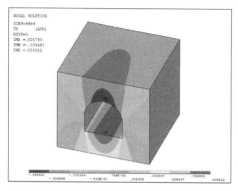

图 5-82 拱矢高度为 1.4m 时 Y 向位移云图

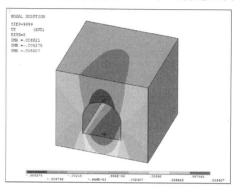

图 5-83 拱矢高度为 1.5m 时 Y 向位移云图

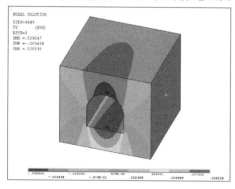

图 5-84 拱矢高度为 1.6m 时 Y 向位移云图

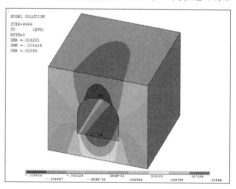

图 5-85 拱矢高度为 1.7m 时 Y 向位移云图

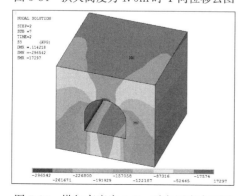

图 5-86 拱矢高度为 1.2m 时主压应力云图

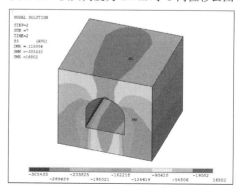

图 5-87 拱矢高度为 1.3m 时主压应力云图

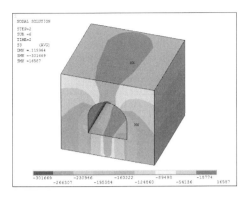

图 5-88　拱矢高度为 1.4m 时主压应力云图

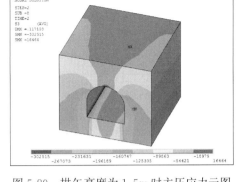

图 5-89　拱矢高度为 1.5m 时主压应力云图

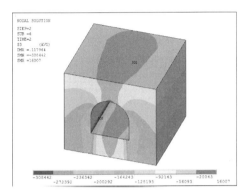

图 5-90　拱矢高度为 1.6m 时主压应力云图

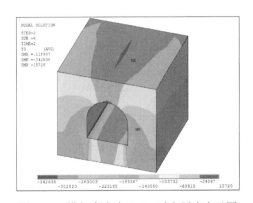

图 5-91　拱矢高度为 1.7m 时主压应力云图

窑洞各点的 X 向位移（mm）　　　　　　　　表 5-17

拱矢高度 ＼ 结点编号	1	2	3	4	5
1.2m	−0.17	0.15	−0.15	−0.07	0.00
1.3m	−0.17	0.20	−0.11	−0.02	0.01
1.4m	0.26	0.39	0.05	0.03	0.00
1.5m	−0.21	0.27	0.06	−0.02	0.00
1.6m	−0.12	0.35	0.16	0.09	0.00
1.7m	−0.13	0.43	0.26	0.05	0.00

窑洞各点的 Y 向位移（mm）　　　　　　　　表 5-18

拱矢高度 ＼ 结点编号	1	2	3	4	5
1.2m	3.42	0.69	−0.99	−3.95	−5.13
1.3m	3.64	0.63	−1.18	−4.27	−5.51
1.4m	3.73	0.71	−1.00	−4.13	−5.46
1.5m	3.70	0.74	−0.76	−3.88	−5.28
1.6m	3.93	0.81	−0.68	−3.83	−5.43
1.7m	4.01	0.91	−0.46	−3.83	−5.43

窑洞各点的主压应力（kPa）					表 5-19
结点编号 拱矢高度	1	2	3	4	5
1.2m	−216.09	−164.27	−208.07	−84.67	−0.02
1.3m	−222.46	−169.24	−211.77	−92.26	−0.78
1.4m	−214.01	−170.41	−206.94	−101.77	−0.79
1.5m	−225.51	−168.04	−199.01	−102.61	−0.06
1.6m	−225.99	−169.56	−195.38	−110.78	−0.57
1.7m	−239.99	−174.55	−193.50	−123.29	0.33

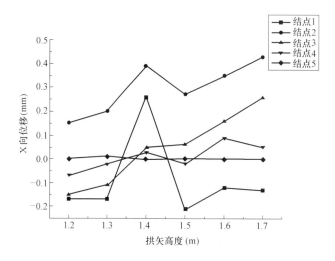

图 5-92 窑洞各点 X 向位移随拱矢高度的变化图

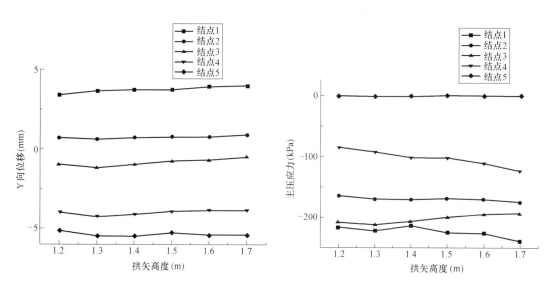

图 5-93 窑洞各点 X 向位移随拱矢高度的变化图　　图 5-94 窑洞各点主压应力随拱矢高度的变化图

56

从表 5-17～表 5-19、图 5-92～图 5-94 可知：

（1）随着拱矢高度的增大，侧墙土体除根部以外水平向趋近窑洞的位移呈增大趋势，而拱券部分土体的水平向位移变化不大。

（2）拱矢高度增大，窑洞上覆土体减少，侧墙的隆起趋势随之增大。而拱顶的沉降值变化较小，在 5.2～5.4mm 为波动。

（3）窑洞各点的主压应力随拱矢高度的增加有所增长，拱券顶点的主压应力则保持在零左右，变化很小。

5.4.4　窑腿（侧墙）高度影响分析

以 3 号窑洞为基准，保持窑洞其他参数不变，分别设定窑洞侧墙高度为 1.2m、1.4m、1.6m、1.8m、2.0m 和 2.2m，分析侧墙高度对窑洞受力的影响，计算结果如图 5-95～图 5-112 所示。

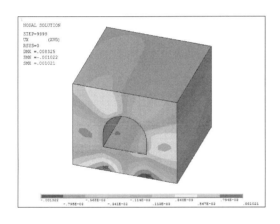

图 5-95　侧墙高度为 1.2m 时 X 向位移云图

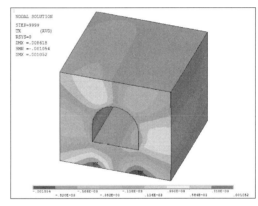

图 5-96　侧墙高度为 1.4m 时 X 向位移云图

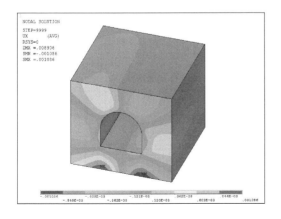

图 5-97　侧墙高度为 1.6m 时 X 向位移云图

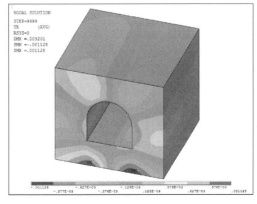

图 5-98　侧墙高度为 1.8m 时 X 向位移云图

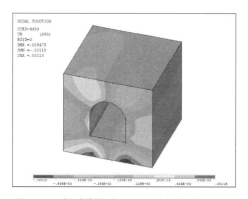

图 5-99　侧墙高度为 2.0m 时 X 向位移云图

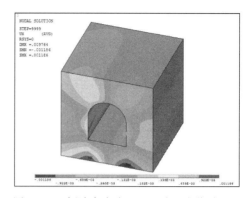

图 5-100　侧墙高度为 2.2m 时 X 向位移云图

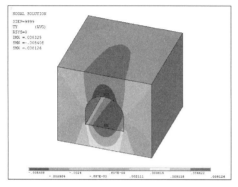

图 5-101　侧墙高度为 1.2m 时 Y 向位移云图

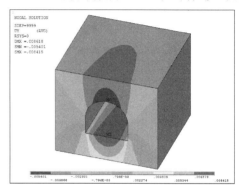

图 5-102　侧墙高度为 1.4m 时 Y 向位移云图

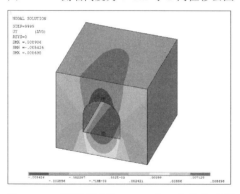

图 5-103　侧墙高度为 1.6m 时 Y 向位移云图

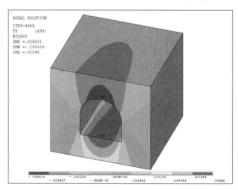

图 5-104　侧墙高度为 1.8m 时 Y 向位移云图

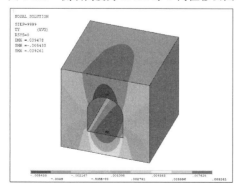

图 5-105　侧墙高度为 2.0m 时 Y 向位移云图

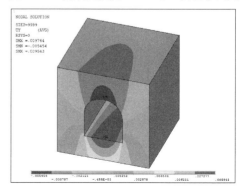

图 5-106　侧墙高度为 2.2m 时 Y 向位移云图

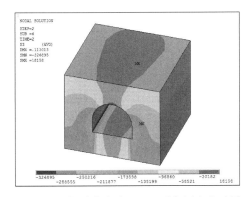

图 5-107　侧墙高度为 1.2m 时主压应力云图

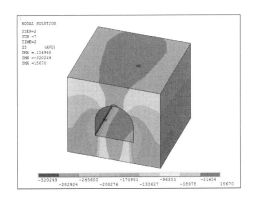

图 5-108　侧墙高度为 1.4m 时主压应力云图

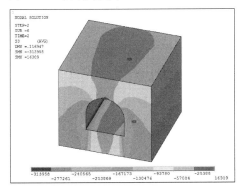

图 5-109　侧墙高度为 1.6m 时主压应力云图

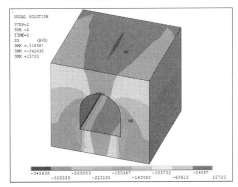

图 5-110　侧墙高度为 1 8m 时主压应力云图

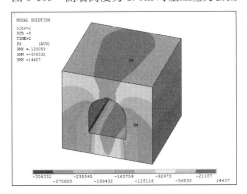

图 5-111　侧墙高度为 2.0m 时主压应力云图

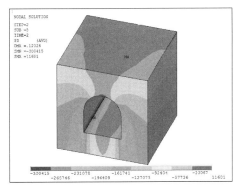

图 5-112　侧墙高度为 2.2m 时主压应力云图

窑洞各点的 X 向位移（mm） 表 5-20

结点编号 侧墙高度	1	2	3	4	5
1.2m	−0.24	0.07	−0.03	−0.05	0.00
1.4m	−0.20	0.17	0.05	−0.01	0.00
1.6m	−0.15	0.30	0.15	0.03	0.00
1.8m	−0.13	0.43	0.26	0.05	0.00
2.0m	−0.06	0.53	0.34	0.12	0.00
2.2m	−0.02	0.67	0.45	0.15	0.00

窑洞各点的 Y 向位移 （mm）　　　　　表 5-21

侧墙高度＼结点编号	1	2	3	4	5
1.2m	3.40	0.91	−0.32	−3.79	−5.41
1.4m	3.62	0.91	−0.43	−3.74	−5.40
1.6m	3.83	0.88	−0.44	−3.81	−5.43
1.8m	4.01	0.91	−0.46	−3.83	−5.43
2.0m	4.24	0.89	−0.52	−3.78	−5.43
2.2m	4.40	0.91	−0.54	−3.72	−5.45

窑洞各点的主压应力 （kPa）　　　　　表 5-22

侧墙高度＼结点编号	1	2	3	4	5
1.2m	−229.27	−186.72	−195.01	−120.26	−0.24
1.4m	−228.15	−179.15	−196.04	−133.67	−0.88
1.6m	−227.23	−173.65	−191.14	−122.56	−0.37
1.8m	−239.99	−174.55	−193.50	−123.29	0.33
2.0m	−227.79	−166.07	−188.75	−124.49	−0.60
2.2m	−228.19	−162.55	−187.90	−119.42	−1.64

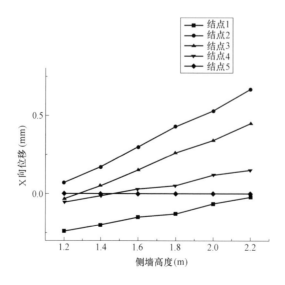

图 5-113　窑洞各点 X 向位移随侧墙高度的变化图

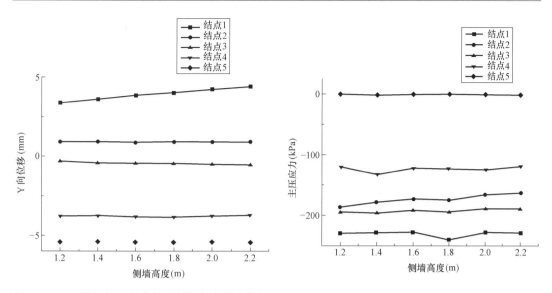

图 5-114　窑洞各点 Y 向位移随侧墙高度的变化图　　图 5-115　窑洞各点主压应力随侧墙高度的变化图

从表 5-20～表 5-22、图 5-113～图 5-115 可以看出：

（1）随着侧墙高度的增大，侧墙和拱券部分土体趋近窑洞方向的水平位移逐渐增大。

（2）侧墙根部和上部的隆起值和沉降值随侧墙高度增大有小幅增长，侧墙中部的隆起值和拱券部分的竖向位移基本不变。

（3）窑洞各点的主压应力随侧墙高度的变化略有下降，变化很小。

5.5　多孔窑协同工作性能分析

相比单孔窑洞，多孔窑洞适合人口较多的家庭，其不仅功能分区更加明确，而且多口窑洞之间存在着相互协调作用，且这种相互协调作用与窑腿宽度关系很大，为了研究这种相互作用，我们建立并列的三孔窑洞有限元模型（图 5-116）进行分析，窑洞尺寸一致，

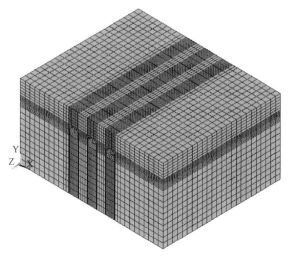

图 5-116　多孔窑洞有限元模型

窑腿高度为 1.8m，拱矢高度 1.7m，拱跨 3.4m，窑腿宽度依次为 1m，2m，3m，4m。

按图 5-117 所示，将三口窑洞按照自左至右的顺序依次编号为 1 号窑洞、2 号窑洞、3 号窑洞。因为模型是关于中间窑洞的中轴线对称的，因此选择图上所示 14 个结点，分别列出它们在不同窑腿宽度下的位移和应力，以分析多口窑洞的相互协调作用。

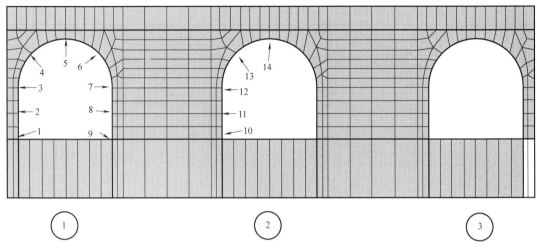

图 5-117　多孔窑洞结点编号

经计算分析，分别得到不同窑腿宽度时的应力云图和位移云图如图 5-118～图 5-141 所示。

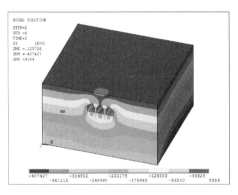

图 5-118　窑腿宽为 1m 时整体主压应力云图

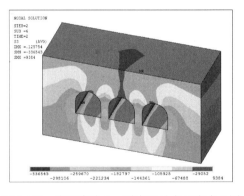

图 5-119　窑腿宽为 1m 时窑洞处主压应力云图

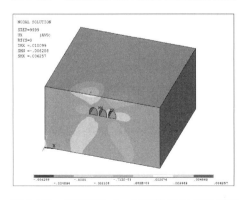

图 5-120　窑腿宽为 1m 时整体 X 向位移云图

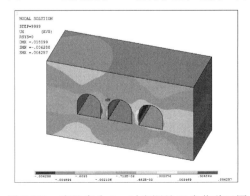

图 5-121　窑腿宽为 1m 时窑洞处 X 向位移云图

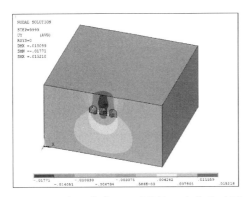

图 5-122　窑腿宽为 1m 时整体 Y 向位移云图

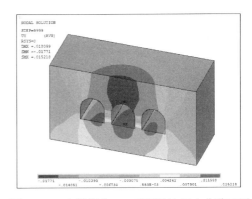

图 5-123　窑腿宽为 1m 时窑洞处 Y 向位移云图

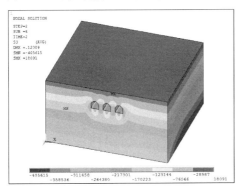

图 5-124　窑腿宽为 2m 时整体主压应力云图

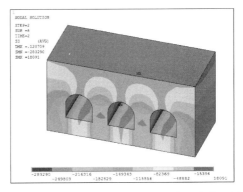

图 5-125　窑腿宽为 2m 时窑洞处主压应力云图

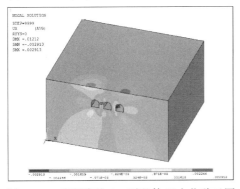

图 5-126　窑腿宽为 2m 时整体 X 向位移云图

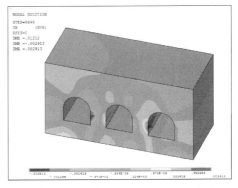

图 5-127　窑腿宽为 2m 时窑洞处 X 向位移云图

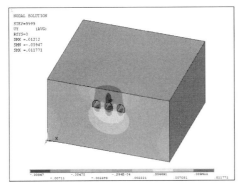

图 5-128　窑腿宽为 2m 时整体 Y 向位移云图

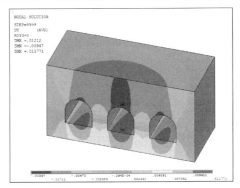

图 5-129　窑腿宽为 2m 时窑洞处 Y 向位移云图

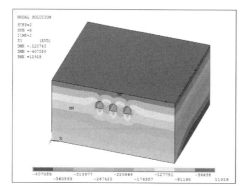

图 5-130　窑腿宽为 3m 时整体主压应力云图

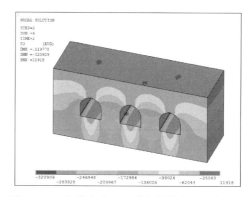

图 5-131　窑腿宽为 3m 时窑洞处主压应力云图

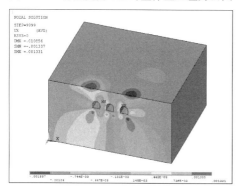

图 5-132　窑腿宽为 3m 时整体 X 向位移云图

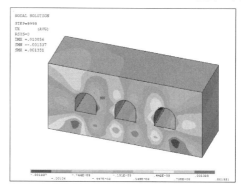

图 5-133　窑腿宽为 3m 时窑洞处 X 向位移云图

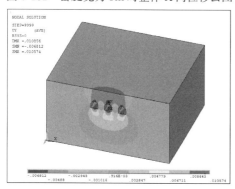

图 5-134　窑腿宽为 3m 时整体 Y 向位移云图

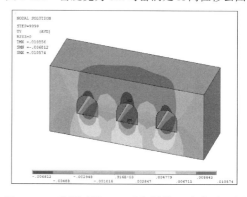

图 5-135　窑腿宽为 3m 时窑洞处 Y 向位移云图

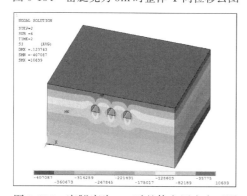

图 5-136　窑腿宽为 4m 时整体主压应力云图

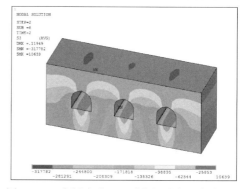

图 5-137　窑腿宽为 4m 时窑洞处主压应力云图

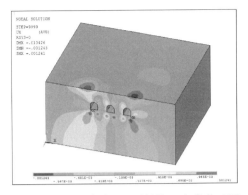

图 5-138　窑腿宽为 4m 时整体 X 向位移云图

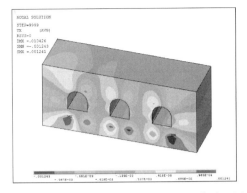

图 5-139　窑腿宽为 4m 时窑洞处 X 向位移云图

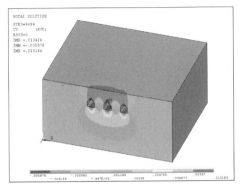

图 5-140　窑腿宽为 4m 时整体 Y 向位移云图

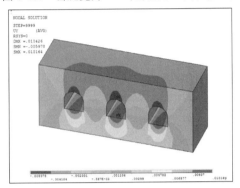

图 5-141　窑腿宽为 4m 时窑洞处 Y 向位移云图

窑洞各点的 X 向位移（mm）　　　　　　　　　　　　　　　　　表 5-23

结点编号	X 向位移（mm）			
	窑腿宽度 1m	窑腿宽度 2m	窑腿宽度 3m	窑腿宽度 4m
1	−0.91	−0.29	−2.11	−0.16
2	−0.27	0.33	0.35	0.40
3	−0.72	−0.01	0.16	0.24
4	−1.18	−0.32	−0.01	0.06
5	−1.19	−0.46	−0.18	−0.12
6	−1.45	−0.71	−0.45	−0.39
7	−4.21	−2.16	−1.09	−0.86
8	−5.39	−2.91	−1.28	−1.02
9	−0.75	−0.46	−0.23	−0.16
10	−0.33	0.00	0.01	0.03
11	2.59	2.05	0.96	0.86
12	0.42	1.07	0.70	0.68
13	−0.92	−0.15	0.19	0.28
14	−0.03	0.00	0.01	0.01

窑洞各点的 Y 向位移 (mm) 表 5-24

结点编号	Y 向位移(mm)			
	窑腿宽度 1m	窑腿宽度 2m	窑腿宽度 3m	窑腿宽度 4m
1	4.86	4.40	4.58	4.45
2	0.16	0.78	1.14	1.19
3	−2.49	−0.64	−0.39	−0.23
4	−8.20	−4.76	−3.93	−3.63
5	−13.07	−7.59	−6.03	−5.54
6	−14.02	−6.58	−4.35	−3.84
7	−7.93	−1.93	−0.43	−0.24
8	0.72	1.08	1.33	1.34
9	10.21	6.25	5.11	4.85
10	10.85	6.72	5.37	5.05
11	1.59	1.39	1.42	1.39
12	−8.10	−2.02	−0.52	−0.30
13	−15.72	−7.37	−4.76	−4.08
14	−17.71	−9.47	−6.81	−5.98

窑洞各点的主压应力 (kPa) 表 5-25

结点编号	主压应力(kPa)			
	窑腿宽度 1m	窑腿宽度 2m	窑腿宽度 3m	窑腿宽度 4m
1	−237.38	−216.99	−226.87	−226.19
2	−181.85	−200.30	−170.65	−169.26
3	−204.03	−186.42	−191.84	−190.52
4	−183.53	−143.40	−131.21	−127.35
5	−14.75	−4.83	−3.48	−3.78
6	−105.76	−132.73	−133.57	−129.13
7	−214.27	−186.24	−192.84	−190.97
8	−205.75	−197.82	−167.05	−167.75
9	−212.93	−211.23	−233.11	−229.43
10	−211.31	−211.50	−234.07	−231.11
11	−209.25	−200.86	−168.87	−168.85
12	−225.09	−191.86	−194.28	−191.66
13	−119.20	−145.54	−139.80	−135.31
14	−1.90	−0.33	−1.31	−5.09

由表 5-23～表 5-25 数据可知:

(1) 从 X 向位移来看,两侧窑洞侧墙在窑腿宽度较小朝窑外偏移,随窑腿宽度的增大而逐渐减小直至反向。窑洞上的 6、7、8、11、12、13 点的 X 向位移较大,当窑腿宽度为 1m 时，侧窑窑腿中部 8 号点的 X 向位移最大，达到了－5.39mm，主窑窑腿中部 11 号点的 X 向位移也达到了 2.59mm；当窑腿宽度为 4m 时，8 号和 11 号点的 X 向位移分别为－1.02mm、0.86mm。多孔窑洞窑腿及拱券部分土体的水平位移相比单孔窑洞要大，其中两侧窑洞的拱券部分均整体向外移动，中间窑腿的水平位移在叠加作用下明显高于两侧；在窑腿宽度较小时，中间窑腿及拱券部分土体的 X 向水平位移很大，土体有剥落危险，于窑洞的安全不利，而适当提高窑腿宽度可以使其得到明显改善。

（2）同样尺寸的单孔窑洞，其拱券顶部的沉降最大，为－5.43mm，窑腿根部的隆起最大，达 4.01mm。而对于 3 孔窑洞，当窑腿宽度为 1m 时，其最大沉降发生在 2 号窑洞的拱券顶部，为－17.71mm，1 号窑洞拱券顶部的沉降次之，为－13.07mm，均远远大于单孔窑洞拱顶的沉降。此外，2 号窑洞左侧窑腿根部隆起最大，为 10.85mm，1 号窑洞左右两侧窑腿根部分别隆起 4.86mm 和 10.21mm。由此可见当窑洞窑腿宽度过小时，多孔窑洞的 Y 向位移很大，不利于窑洞的安全，而当窑腿宽度达到 4m 时，窑洞各点的 Y 向位移与单孔窑洞差别不大，多孔窑洞之间的相互协调作用已经很微弱。

（3）多孔窑洞周围土体的主压应力水平相比单孔窑洞要高，其中窑腿部位土体的主压应力水平提高显著，提高程度与窑腿宽度正相关。

（4）综上所述，在建造多孔窑洞时，应当合理设置窑腿宽度，若宽度过小，则窑洞之间相互影响，将导致窑洞位移较大，影响窑洞的安全性。

本章参考文献

[5-1]　谷鑫蕾. 传统生土窑居地震响应分析［D］. 郑州大学，2017.

[5-2]　胡晓锋，张风亮，薛建阳，等. 黄土窑洞病害分析及加固技术［J］. 工业建筑，2019，49（01）：6-13.

第6章

▶▶▶▶▶▶▶

基于强度折减法的黄土窑洞稳定性分析

靠崖式窑洞是以黄土为建筑材料的减法式生土建筑，黄土具有疏散多孔结构，其抗压强度高、抗拉强度低，且具有压缩性、击实性和湿陷性等特点。黄土特殊的工程特性使得黄土窑洞在降雨、风化等恶劣的自然环境下容易发生整体或局部破坏。因而需要对黄土窑洞在覆土压力作用下的结构稳定性以及黄土材料性质变化对窑洞受力性能的影响进行研究，并以之作为既有窑洞安全性评估和防护加固的前提和依据。

黄土窑洞无梁无柱，是通过黄土的拱作用来传递覆土压力，维持结构的稳定性。窑洞的结构形式虽然简单，但是却难以使用手算形式或设计软件进行分析，目前大多通过ANSYS、ABAQUS等大型通用有限元分析软件进行模拟分析。文献[6-1，6-2]通过有限元软件模拟分析了窑洞土拱结构体系的受力变形规律，研究了窑洞体系构成和其结构参数之间的关系，探讨了窑洞蕴涵的结构力学原理。文献[6-3～6-5]根据强度折减法并结合有限元软件FLAC、ANSYS建立了黄土隧洞的平面模型，并进行了静力分析以及地震作用下的动力有限元静态分析和完全动力分析，总结了隧洞的平面内破坏模式，比较了不同分析方式下的平面隧洞安全系数。对于三维空间模型的破坏模式及安全系数研究目前尚未涉及。

基于此，本书采用有限元分析软件ABAQUS分别建立了靠崖式黄土窑洞的平面模型和三维模型，对其平面及空间塑性区发展规律进行了对比分析，并研究了窑洞洞室失稳和边坡失稳两种可能的破坏模式，确定了既有黄土窑洞安全系数的判定依据。

6.1 强度折减法理论

目前，用于边坡稳定性分析的方法主要有极限平衡法、有限元强度折减法，其中，极限平衡法是基于静力学原理，根据极限平衡理论通过瑞典条分法来计算的，虽然其原理简单、计算方便，但需要事先假定滑动面，且计算过程中没有考虑边坡的应力和应变，无法体现边坡破坏的发展过程。有限元强度折减法是利用有限元分析软件来分析边坡稳定问题的一种方法，同极限平衡法的基本思想一致，均可称作强度储备安全系数法，它是将土体材料的黏聚力和摩擦角按照一定的系数进行折减，直至土体达到预先设立的临界失稳状态，此时的折减系数是土体实际的抗剪强度与折减后临界破坏时的抗剪强度的比值，即为土体的安全系数。这种方法体现了土体材料的应力应变本构关系，可以模拟边坡的整个变形破坏过程，还可得到模型的潜在滑动面以及整个滑动面的安全系数。

1975 年，Zienkiewicz[6-6] 等人首次提出了抗剪强度折减系数的概念。抗剪强度折减系数即为边坡处土体能够达到的最大抗剪强度与在当前外荷载作用下产生的实际剪应力之比。当前外荷载所产生的剪应力应与土体强度指标折减后所确定的实际得以发挥的抗剪强度相等。其具体操作是保持土体的弹性模量 E 和泊松比 υ 不变，而将土体的黏聚力 c 和内摩擦角 φ 值同时除以折减系数 F_s，从而得到一组新的 c'、φ' 值。其公式见式（6-1）。

$$c'=\frac{c}{F_s},\varphi'=\arctan^{-1}\left(\frac{\tan\varphi}{F_s}\right) \tag{6-1}$$

将折减得到的材料参数重新赋予土体，若此时边坡土体达到了给定的临界破坏状态，则对应的 F_s 就是边坡的强度储备安全系数。

6.2　临界破坏状态判据

使用强度折减有限元法确定土体的强度折减系数的关键在于对土体临界破坏状态的定义。目前在有限元分析中常用的土体失稳判据有三种：（1）有限元计算结果不收敛，ABAQUS 等有限元分析软件通过不断的迭代过程来寻求模型外力和内力的平衡状态。如果土体失稳，则会产生无限制的滑动，有限元计算难以找到既符合应力应变关系和强度准则又满足静力平衡的解，计算结果就会不收敛；（2）土体特征点位移发生突变，土体边坡达到极限状态时，失稳部分的土体位移突然变大；（3）土体潜在破坏面塑性区贯通，土体的塑性应变发展可以很好地描述土体的破坏发展过程，通过塑性区贯通评判土体的整体失稳较为合理，但塑性区贯通仅是土体破坏的必要条件，而不是充分条件[6-7]。

6.3　工程案例试算

根据相关文献资料［6-5］，本书使用 ABAQUS 进行工程算例试算，以验证 ABAQUS 有限元软件进行强度折减分析的准确性。

工程算例如下：一均质边坡，其尺寸如图 6-1 所示，土体容重 γ 为 25kN/m³，黏聚力 c 为 42kPa，内摩擦角 ϕ 为 17°，求边坡的安全系数。

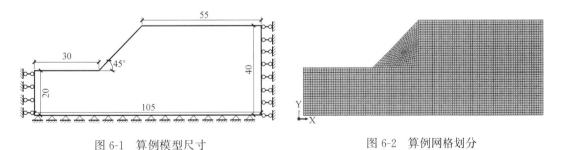

图 6-1　算例模型尺寸　　　　　　　　图 6-2　算例网格划分

文献中，使用基于传统极限平衡条分法的分析软件 SLOPE/W 计算出的安全系数为 1.06，使用基于强度折减系数法的有限元分析软件 ANSYS 在采用摩尔匹配 DP 准则和摩尔库伦等面积圆屈服准则时计算出的安全系数分别为 1.06 和 1.12。

本书使用大型通用有限元分析软件 ABAQUS 进行建模分析,单元采用 CPE4 单元,模型采用材料库中的摩尔库伦屈服准则,网格划分完成后的模型如图 6-2 所示。

经计算分析,根据特征值突变和塑性区贯通原则确定的安全系数为 1.07,其计算结果与文献中的安全系数高度吻合;根据计算不收敛原则确定的安全系数稍高,达到了 1.10,与文献中安全系数的误差为 3.77%,这说明使用 ABAQUS 进行强度折减分析的计算结果是可靠的。

6.4 有限元模型建立及分析

6.4.1 模型尺寸和材料参数

本书所用模型是靠崖式单孔窑洞,是经实地考察并参考相关文献[6-8,6-9] 后确定的,窑洞跨度为 3.4m,侧墙高度为 1.8m;拱券形式为半圆拱,高度为 1.7m;窑洞进深为 8m,覆土厚度为 6m;为了消除边界效应,土体边界范围约为 5 倍窑洞洞径[6-10],根据圣维南原理,其边界已不受窑洞开挖影响,土体边界的约束条件为:土体下表面为固定约束,四个侧面分别约束其平面法向位移,窑脸所在立面及土体上表面为自由面[6-11]。

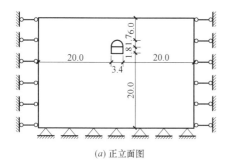 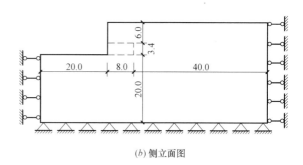

(a) 正立面图 (b) 侧立面图

图 6-3 模型尺寸及约束条件

6.4.2 屈服准则的选择

窑洞土体为 Q_2 黄土,其材料参数见表 6-1。在 ABAQUS 分析中,土体为理想弹塑性,采用 Mohr-Coulomb(M-C)屈服准则,其屈服函数为:

$$\tau = c + \sigma \cdot \tan\varphi \qquad (6-2)$$

用主应力可写为:

$$\frac{1}{2}(\sigma_1 - \sigma_3) = \frac{1}{2}(\sigma_1 + \sigma_3)\sin\varphi + c \cdot \cos\varphi \qquad (6-3)$$

亦可写作:

$$F = \frac{1}{3}I_1\sin\varphi + \left(\cos\theta_\sigma - \frac{1}{\sqrt{3}}\sin\theta_\sigma\sin\varphi\right) \qquad (6-4)$$

$$\sqrt{J_2} - c \cdot \cos\varphi = 0 \qquad (6-5)$$

式中：I_1——应力张量的第一不变量；

　　　J_2——应力偏量的第二不变量；

　　　θ_σ——应力张量的第一不变量。

为了实现模型计算中强度的自动折减，首先根据强度折减公式确定不同折减系数下的黏聚力和摩擦角，其次在软件中将折减系数与材料属性的场变量对应起来，通过在计算过程中对场变量的控制来实现土体的强度折减[6-12]。

<table>
<tr><td colspan="5" align="center">Q_2 黄土材料参数</td><td align="right">表 6-1</td></tr>
</table>

弹性模量（MPa）	泊松比	黏聚力（kPa）	摩擦角（°）	容重（kN/m³）
51.5	0.25	51.8	28.1	13.5

6.4.3　靠崖式窑洞稳定性分析

本书依次建立了靠崖式黄土窑洞的正立面模型及三维模型（图 6-4）。其中平面模型采用 CPE4 单元，三维模型采用 C3D8R 单元。

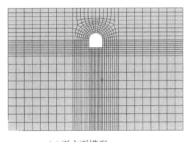

(a) 正立面模型　　　　　　　　　　　　　(b) 三维实体模型

图 6-4　靠崖式窑洞模型

6.4.3.1　平面模型计算结果分析

窑洞平面模型的塑性区变化过程如图 6-5 所示。模型计算因无法收敛而中断时的安全系数为 4.87。从等效塑性应变云图来看，模型在折减系数达到 2.51 左右塑性区贯通。取窑洞侧墙根部、拱脚处以及拱顶处的节点进行研究，节点选择如图 6-6 所示。得到了侧墙根部和拱脚处的水平位移以及拱顶处的竖向位移（水平位移变化极小）随折减系数的变化趋势图，如图 6-7 所示。

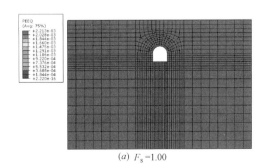
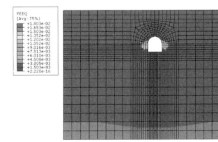

(a) $F_s = 1.00$　　　　　　　　　　　　　(b) $F_s = 1.50$

图 6-5　平面窑洞塑性区（一）

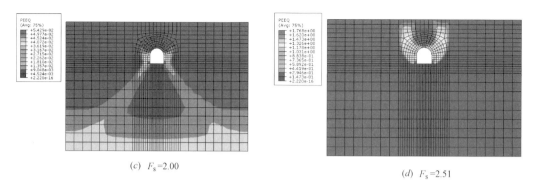

(c) F_s =2.00

(d) F_s =2.51

图 6-5 平面窑洞塑性区（二）

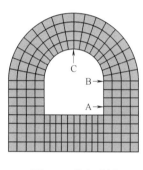

图 6-6 节点选择

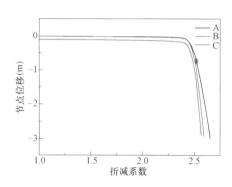

图 6-7 节点位移变化趋势

从图 6-5 可以看出，窑洞在窑腿处的应力水平较高，模型塑性区首先出现在窑洞窑腿根部。平面模型不考虑窑洞所在边坡的失稳可能，随着折减系数的增大，窑腿处的塑性区范围会围绕着窑洞不断扩大并向上延展，最终窑洞侧墙全部区域逐渐达到塑性，因该窑洞拱跨较小，其上方的塑性水平较低，拱券上方并未形成塑性区。在 F_s =2.51 时，塑性区呈"U"形自窑洞所在位置延伸至土体顶部，形成贯通的塑性区。从塑性区的分布图以及图 6-8 的窑洞实际破坏图来看，窑洞的薄弱位置为窑腿部位，窑洞窑腿极易出现表面土体剥落现象，而窑洞往往最终因窑顶垮塌而破坏。

从图 6-7 可以看出，节点位移随折减系数的增大而变化，在折减系数未达到 2.4 之前，节点位移随着折减系数的增大而缓慢增大，A、B、C 三点均是在折现系数达到 2.42 左右开始出现位移突变，其中尤以拱券顶部 C 点的位移突变最快，拱脚 B 处的位移突变次之，此时土体形成滑移带，窑洞整体位移急剧增大，窑洞濒临崩塌。

使用三种判别准则分别确定安全系数，可以发现根据塑性区贯通准则确定的安全系数相比根据特征点位移突变准则确定的安全系数要稍大，这是因为塑性区是渐进发展的，当塑性区延伸至距模型上边界一定位置处扩展缓慢，这是因为模型接近上边界处的土体应力水平较低，难以达到塑性状态。而且塑性区贯通的时刻是由人为确定的，且云图的分布变化与云图边界的上下限紧密相关，因此根据塑性区贯通原则确定安全系数具有较大的浮动范围。而根据特征点位移突变原则可绘制节点位移随折减系数的变化趋势图，图上各特征点的变化趋势具有一致性，且从图上可以非常明显且精确地确定安全系数。根据计算结果不收敛的原则确定的安全系数高达 4.87，此时对应的模型位移已经不符合实际情况，其安全系数显然是不合理的，这是因为模型计算收敛的过程与其网格划分以及设置的收敛条件相关，本模型的网格距窑洞较远处的尺寸较大，为 0.5～1.0m，窑洞处的网格尺寸划分较为精细，为 0.2m 左右。模型在折减分析步中设置的最小增量步为 1×10^{-5}，因而表现出了较好的收敛性，当分别设置最小增量步为 1×10^{-4}、1×10^{-3} 和 1×10^{-2} 时根据计算不收敛原则得到的安全系数分别为 4.05、3.92、2.53，由此可见，根据计算不收敛原则确定的安全系数与模型分析步所设的收敛条件密切相关。

根据三种判别准则确定的安全系数对比并结合上述分析，综合判断可近似确认窑洞的安全系数为 2.40。

图 6-8　窑腿剥落及窑顶坍塌

6.4.3.2　三维模型计算结果分析

三维窑洞模型的塑性区变化过程如图 6-9 所示。在折减系数达到 3.59 时出现无法收敛及计算中断的情况。从等效塑性应变的云图来看，其在折减系数达到 2.17 左右边坡塑性区贯通。取图 6-10 所示节点进行分析，得到了侧墙根部和拱脚处的 X 向位移以及拱顶处的 Y 向位移、窑洞坡顶以及边界坡顶和坡脚处的 Z 向位移随折减系数的变化趋势图，如图 6-11 所示。

三维窑洞模型的塑性区也始出现于窑洞侧墙根部，但因三维模型考虑了土体边坡失稳问题，随着折减系数的增大，在正立面方向，其塑性区会自侧墙根部沿水平方向向两端边界延伸；在侧立面方向，土体垂直边坡上会逐渐形成弧形贯通的塑性区，土体最终会因为边坡失稳而破坏。类似情况的窑洞实际破坏图如图 6-12 所示。在强度折减系数达到 2.17

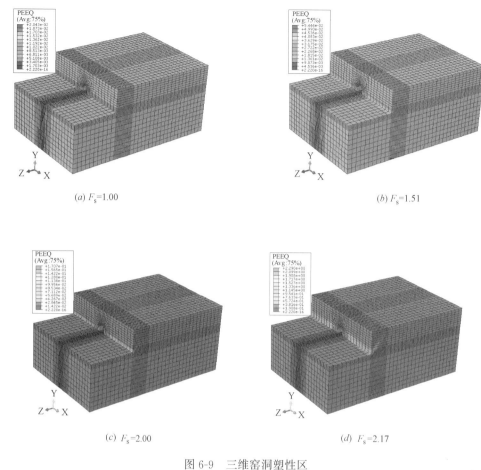

(a) F_s=1.00　　　　　　　　　　　　　　(b) F_s=1.51

(c) F_s=2.00　　　　　　　　　　　　　　(d) F_s=2.17

图 6-9　三维窑洞塑性区

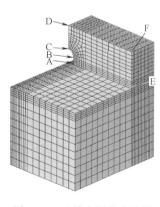

图 6-10　三维窑洞节点选择

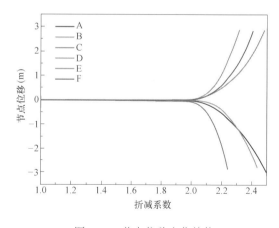

图 6-11　节点位移变化趋势

左右时，土体边坡即形成了贯通的塑性区。此时有限元计算仍在进行，直至折减系数达到 3.59 时才无法收敛并中断计算。从节点位移随折减系数的变化趋势来看，各节点均在 2.03 左右开始发生位移突变，位移急剧增大。同平面模型一样，根据特征点位移突变原

图 6-12 窑洞所在边坡垮塌

则确定的安全系数最小，根据塑性区贯通原则确定的安全系数稍大，而根据计算不收敛确定的安全系数则高达 3.59，而此时节点位移已到数十米，这并不符合实际情况，因此不能以有限元计算不收敛来判定土体失稳，综合考虑窑洞的塑性区发展过程及各节点的位移变化趋势，可将三维窑洞模型的安全系数保守确定为 2.00。

通过平面模型与三维模型的计算结果对比可知，平面模型仅会发生平面内的窑洞破坏，而对于三维模型，既可能发生窑洞坍塌而其所在边坡仍处于稳定状态的情况，也可能发生边坡失稳先于窑洞坍塌，不同的破坏情况取决于土体材性、窑洞尺寸以及边坡形式，因而三维模型计算出的窑洞安全系数总是小于等于平面模型的。

6.5 本章小结

通过对窑洞平面模型和三维模型的计算分析，得到了窑洞正立面的塑性区以及窑洞所在边坡的塑性区随折减系数变化的发展规律。窑洞的整体破坏包括洞室的失稳坍塌以及窑洞所在边坡的失稳破坏，在平面模型中仅能发生窑洞失稳破坏这一种情况，此种情况下窑洞的破坏表现为：侧墙土体首先发生坍塌形成弧形滑动面，窑洞上方土体失去支撑后随之陷落。三维窑洞模型考虑了窑洞所在边坡的失稳可能，因本次模型的跨高比较小，土体边坡的安全系数（2.00）小于洞室的安全系数（2.40），三维窑洞模型最终因边坡失稳破坏，该窑洞整体模型的安全系数应保守确定为 2.0。

采用强度折减有限元法进行窑洞稳定性分析，宜采用考虑边坡失稳的三维模型。对于判定其安全系数的三种判据，塑性区贯通只是窑洞失稳的必要条件而非充分条件，塑性区贯通并不意味着窑洞已经失稳破坏，而且等效塑性应变云图的显示与设置的幅值范围相关，因此难以判断塑性区贯通的准确时间；若以有限元模型的计算收敛性作为判定窑洞是否收敛，则模型的网格划分、迭代次数和收敛条件设置均会影响到安全系数的确定；若以特征点位移突变作为窑洞失稳的判断依据，则应当事先对窑洞失稳破坏类型进行调研，根据窑洞的实际破坏特征确定模型的特征点。本书推荐综合采用三种判据进行分析，并宜通过塑性区发展规律及关键节点的位移变化趋势综合判定其安全系数。

本章参考文献

［6-1］ 童丽萍，韩翠萍. 传统生土窑洞的土拱结构体系［J］. 施工技术，2008，37（6）：113-115.

［6-2］ 童丽萍，韩翠萍. 黄土窑居自支撑结构体系的研究［J］. 四川建筑科学研究，2009，35（2）：71-73.

［6-3］ 郑颖人，邱陈瑜，张红，等. 关于土体隧洞围岩稳定性分析方法的探索［J］. 岩石力学与工程学报，2008，27（10）：1968-1980.

［6-4］ 郑颖人，肖强，叶海林，等. 地震隧洞稳定性分析探讨［J］. 岩石力学与工程学报，2010，29（6）：1081-1088.

［6-5］ 郑颖人，赵尚毅. 有限元强度折减法在土坡与岩坡中的应用［J］. 岩石力学与工程学报，2004，23（19）：3381-3388.

［6-6］ Zienkiewicz O C，Humpheson C，Lewis R W. Associated and non-associated visco-plasticity and plasticity in soil mechanics［J］. Geotechnique，1975，25（4）：671-689.

［6-7］ 李埂，程丹，苏凯. 基于有限元强度折减法的边坡失稳判据统一性研究［J］. 大地测量与地球动力学，2016，36（1）：69-74.

［6-8］ 侯继尧. 中国窑洞［M］. 郑州：河南科学技术出版社，1999.

［6-9］ 王徽. 窑洞地坑院营造技艺［M］. 合肥：安徽科学技术出版社，2013.

［6-10］ 陈莉粉. 黄土地区窑洞建筑中结构稳定性的研究［D］. 西安科技大学，2012.

［6-11］ 陈孟乔，刘建坤，肖军华. 砂土中盾构隧道开挖面失稳土体三维形状分析［J］. 岩土力学，2013，34（4）：961-966.

［6-12］ 费康，张建伟. ABAQUS 在岩土工程中的应用［M］. 北京：中国水利水电出版社，2010.

第7章

▶▶▶▶▶▶

砖、石独立式窑洞受力机理及几何参数敏感性分析

传统窑居建筑主要包括靠崖式、下沉式和独立式三种结构形式，砖窑、石窑属于独立式窑洞，其并非直接利用"生土"构筑而成，它的主要建筑材料为砖、石，以砖或石砌筑拱券和四周的墙体，而后在窑顶覆土压实，以增加建筑的稳定性。

独立式窑洞结构形式简单，可以灵活布置，不受地形限制，容易形成聚落，因而应用广泛（图7-1）。尤其是砖作为一种可以持续生产的规则的人工材料，砖窑取材方便、外形美观，广泛存在于我国西北的陕西、山西等地，而石窑因完全依托于自然资源，多分布于山石资源较多的山区，应用受限。

砖窑、石窑的承载、结构形式、传力机制和受力机理均相同，且砖窑的应用更为普遍，因此本章以砖窑为例对该类窑洞的荷载、传力机制和受力机理等进行分析。

(a) 石窑

(b) 砖窑

图 7-1　独立式砖、石窑

7.1　砖窑使用荷载调查

砖窑的使用荷载较为简单，水平向主要承受风荷载，因结构低矮，可不予考虑；竖向主要承受自重、覆土荷载、雪荷载及上人屋面的屋面活荷载，均按均布荷载考虑。

雪荷载及屋面活荷载可根据《建筑结构荷载规范》GB 50009—2012 查得。以陕西延安市为例，其雪荷载标准值为 0.35 kN/m^2，上人屋面活荷载为 2.0 kN/m^2，两者不同时考虑。

覆土压力受覆土深度影响，砖窑的覆土深度一般为 $1\sim2$m，如果覆土深度过小，则容易在拱券顶部产生拉应力，使拱券开裂甚至倒塌；如果覆土深度过大，则会使拱券和窑腿承担较大的压力，也会危及窑洞的安全，因此覆土厚度的选择直接影响到窑洞结构的稳定性。

7.2 砖窑的传力机制和受力机理

7.2.1 有限元模型建立

砖、石独立式窑洞主要由砖砌体和夯实黄土两部分组成，砖砌体又包括砖砌块和砂浆两种材料，根据已有研究，砌体结构有整体式和分离式两种有限元建模方式，其中以整体建模方式为主，分离式方法是将砂浆和砖块按两种材料建模，并对两者之间的接触面进行定义，可以很好地模拟实际结构的特点，而整体式方法则将砂浆和砖块看作整体对原型结构进行建模，忽略砂浆与砖块的材料性能差异和两者之间的相互作用，虽与实际情况有所区别，但模型容易建立和计算分析，同时也可以较好地从宏观方面反映结构的受力及破坏情况。本章将采用整体建模方式对砖窑进行有限元模拟分析[7-1,7-2]。

本章以大型有限元分析软件 ABAQUS 对砖窑进行模拟，在 ABAQUS 中，土体采用摩尔-库伦本构准则进行定义，砖则采用混凝土损伤塑性模型来定义[7-3~7-5]，该模型对砖、石砌体等脆性材料具有良好的模拟效果。对于砖砌体的受压本构关系，本章采用刘桂秋[7-6] 提出的分段式受压本构关系。

$$\frac{\sigma}{f_{\mathrm{m}}}=1.96\left(\frac{\varepsilon}{\varepsilon_0}\right)-0.96\left(\frac{\varepsilon}{\varepsilon_0}\right)^2\left(0\leqslant\frac{\varepsilon}{\varepsilon_0}\leqslant1\right) \tag{7-1}$$

$$\frac{\sigma}{f_{\mathrm{m}}}=1.2-0.2\frac{\varepsilon}{\varepsilon_0}\left(1\leqslant\frac{\varepsilon}{\varepsilon_0}\leqslant1.6\right) \tag{7-2}$$

式中，f_{m} 为砌体抗压强度平均值，ε_0 为相应于 f_{m} 的应变，根据相关文献[7-7]，ε_0 参数取值为 0.003。

砖砌体的灰缝在较低的拉应力作用下即会产生裂缝，因此砌体结构的抗拉强度很低，且在裂缝产生后迅速下降，呈脆性破坏的特点。本章参照《混凝土结构设计规范》GB 50010—2010 附录中的单轴受拉的应力应变关系对砖砌体在拉应力作用下塑性损伤受拉本构关系的各项参数进行计算，能较好地反映脆性材料的受拉损伤及破坏状态。

混凝土单轴受拉时的应力-应变曲线用表达式表示为：

$$\sigma=(1-d_{\mathrm{t}})E_{\mathrm{c}}\varepsilon \tag{7-3}$$

$$d_{\mathrm{t}}=\begin{cases}1-\rho_{\mathrm{t}}\left[1.2-0.2x^5\right] & x\leqslant1 \\ 1-\dfrac{\rho_{\mathrm{t}}}{\alpha_{\mathrm{t}}(x-1)^{1.7}+x} & x>1\end{cases} \tag{7-4}$$

$$x=\frac{\varepsilon}{\varepsilon_{\mathrm{t,r}}},\rho_{\mathrm{t}}=\frac{f_{\mathrm{t,r}}}{E_{\mathrm{c}}\varepsilon_{\mathrm{t,r}}} \tag{7-5}$$

式中 α_{t}——混凝土单轴受拉应力-应变曲线下降段参数值；

$f_{t,r}$——混凝土单轴抗拉强度代表值；

$\varepsilon_{t,r}$——与单轴抗拉强度 $f_{t,r}$ 相应的混凝土峰值拉应变；

d_t——混凝土单轴受拉损伤演化参数。

黄土及砖砌体材料参数，见表 7-1 和表 7-2。

材料参数　　　　　　　　　　　　　　　　　　表 7-1

材料	弹性模量（MPa）	泊松比	容重（kg·m^{-3}）	黏聚力（MPa）	内摩擦角（°）	抗拉强度（MPa）
土	43.3	0.36	1760	0.06	26.3	0.02
砖	2200	0.2	2000	—	—	—

砖损伤塑性模型参数　　　　　　　　　　　　　　表 7-2

膨胀角（°）	偏心率	f_b0/f_c0	k	黏性参数
30	0.1	1.16	0.667	0.005

根据文献资料和实地调研结果（表 7-3），本章以常见的三孔砖窑为例进行模拟，其各部位尺寸见表 7-3，单位 m。建立的三维实体模型如图 7-2 所示，底部为固定约束（$U_1 = U_2 = U_3 = U_{R1} = U_{R2} = U_{R3} = 0$），其他面均为自由面。

窑洞尺寸参数　　　　　　　　　　　　　　　　表 7-3

拱跨	进深	窑腿高度	中腿宽度	边腿宽度	覆土厚度	拱券高度	后墙
3	6	1.8	0.37	1.5	0.8	1.5	0.24

窑洞模型拱券顶部为 1.2m 高的夯实黄土，通过对整体结构施加 Y 方向的重力来考虑覆土压力对结构的影响，此外，根据《建筑结构荷载规范》GB 50009—2012 中对上人屋面活荷载的规定，在覆土顶部平面施加 2.0kN/m^2 的面荷载。

本章共设置两个分析步，依次施加重力荷载和屋面活荷载，以分别研究结构在两种荷载作用下的受力和变形。土体与砖砌体结构之间采用绑定（Tie）连接。土体及砌体结构均采用 C3D8R 单元，即 8 节点六面体线性减缩积分三维实体单元，如图 7-3 所示。该单元的优点有：对位移的求解结果较为精确；分析精度不会因网格的扭曲变形而受到较大的影响；在弯曲荷载下不容易发生剪切自锁[7-8]。

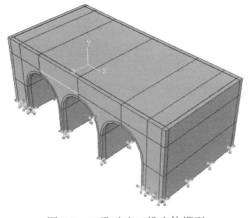
图 7-2　三孔砖窑三维实体模型

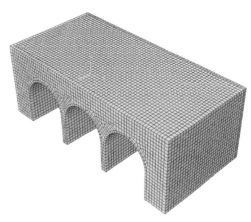
图 7-3　窑洞网格划分

7.2.2　计算结果分析

经计算分析，可得到窑洞的 Pressure 等效压应力云图如图 7-4 所示。

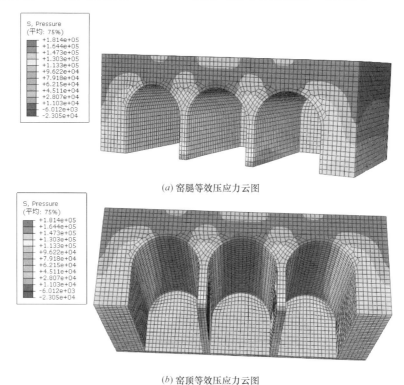

(a) 窑腿等效压应力云图

(b) 窑顶等效压应力云图

图 7-4　窑洞 Pressure 等效压应力云图

从云图上看，砖窑各部位主要呈受压状态，仅拱券顶部一定范围内存在等效拉应力，其最大值仅为 23.1kPa。砖窑的窑腿是整个结构中等效压应力最大的部位，并自上而下呈逐渐增大的趋势。相比边腿，中腿承担了更大的荷载且其宽度仅有边腿的 1/4，因而中腿的应力水平要大大高于边腿；此外，因受窑洞后墙的约束作用，窑腿整体的应力水平沿进深方向逐渐变小。窑脸所在平面，窑腿最下部的等效压应力达到最大，为 181.0kPa；边腿的最大等效压应力仅为 98.9kPa。在紧邻后墙的平面上，中腿的最大等效压应力为 98.8kPa，边腿的最大等效压应力为 67.6kPa。

本章将砖砌体和黄土视作脆性材料，依据第一强度理论，再取加载时出现的最大主应力（Max Principal）进行分析（图 7-5）。

从图 7-5 可以看到，窑脸所在平面的拱券顶部及紧邻后墙的整个拱券部分的第一主应力较大，且中间孔窑洞比两侧窑洞大。就中间孔窑洞而言，其中紧邻后墙的拱券部分的第一主应力在 60kPa 左右，这是因为后墙的约束作用，导致后墙与其紧邻的拱券部分的沉降变形不一致，从而产生较大的拉应力；窑脸所在平面拱券顶部的第一主应力在 52kPa 左右，这是因为窑脸所在平面没有约束，拱券顶部在上部土体和自重作用下产生较大的拉应力。

在自重、覆土荷载及均布活荷载的作用下，窑洞 X 向、Y 向及 Z 向的位移如图 7-6

所示。

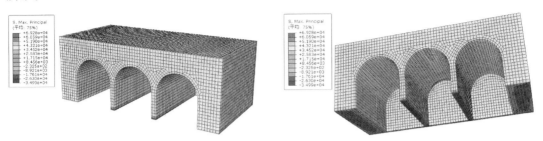

(a) 窑腿最大主应力云图   (b) 窑顶最大主应力云图

图 7-5 窑洞最大主应力云图

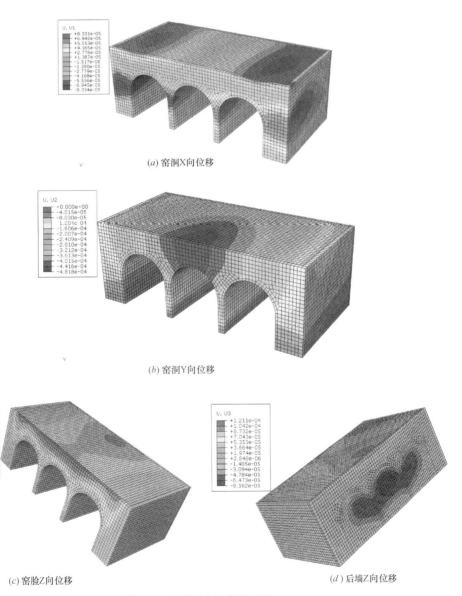

(a) 窑洞X向位移

(b) 窑洞Y向位移

(c) 窑脸Z向位移   (d) 后墙Z向位移

图 7-6 窑洞各方向位移云图

首先，从窑洞 Y 向的位移云图来看，窑洞底面在固定约束下 Y 向位移为 0，在竖直方向，各部位自下而上 Y 向沉降位移逐渐增大；在水平方向，中间孔窑洞的沉降相比两侧要大；因后墙的约束左右，相同高度部位的沉降沿进深方向是逐渐减小的。Y 向最大沉降出现在窑脸所在平面中间孔窑洞的拱券顶部，为 0.48mm。

因窑洞中间孔的沉降最大，窑洞上方两侧土体会向中间聚集，呈现 X 向位移云图中的变形趋势，同时因窑洞拱券上部砖砌体 X 向的位移较小，从而导致了土体顶部与砖砌体的分离。在洞口以下部位，中腿因荷载对称，X 向水平位移较小，相反边腿因土体的挤压力及荷载的不对称性，砖砌体会向外侧鼓起，且相同高度处沿进深方向鼓起程度越来越小，在窑脸平面上接近边腿顶部的位置最大，为 0.08mm。

从窑洞 Z 向的位移云图来看，整个窑脸均向外鼓出，其中窑脸拱券上部的砖砌体向外鼓出的程度最高，达 0.12mm，后墙的孔洞上部的砖砌体内凹，不过变形极小，而孔洞部位的砖砌体则外凸，最大达 0.08mm。

综合来看，窑洞的在竖向荷载的作用下，以 Y 向沉降变形为主。虽然结构 X 向和 Z 向的位移较小，但四周墙体在荷载作用下的外凸会使砖砌体之间的灰缝拉裂，进而导致窑洞的破坏。

7.3 参数分析

对于独立式砖窑而言，窑洞的覆土厚度、拱跨、拱矢高度以及窑腿高度等尺寸均会影响结构的受力性能。为了全面考察这些参数对窑洞受力性能的影响，依次变更窑洞的覆土厚度、拱跨、拱矢高度以及窑腿高度进行变参数分析。

7.3.1 覆土厚度

覆土厚度对窑洞的受力性能影响较为显著，覆土少则无法产生"土拱效应"，窑洞压应力水平较低，结构稳定性不足；覆土过厚则会使四周墙体承受较高的侧向压力导致墙体外凸，拱券顶部可能出现较大的拉应力，并且中腿将承受过高的压应力。本章依次设定覆土厚度 $H=1.0m$、1.2m、1.6m、2.0m、2.4m，在其他情况保持不变的情况下，可以得到不同覆土厚度下窑洞的最大（Pressure）等效压应力（位于中腿最下部）、窑脸平面和紧邻后墙平面上的第一主应力（单位：kPa）、侧墙上 X 向的最大变形、窑脸上 Y 向的最大变形、窑脸上和后墙上 Z 向的最大变形（单位：mm，以外凸变形为正，以内凹变形为负），见表7-4。

不同覆土厚度下窑洞的受力和变形   表 7-4

覆土厚度	最大等效压应力	第一主应力（窑脸平面）	第一主应力（紧邻后墙平面）	X 向最大变形	Y 向最大变形	Z 向最大变形（窑脸）	Z 向最大变形（后墙）
1.0	167	44	59	0.07	0.44	0.10	0.07
1.2	181	52	69	0.08	0.48	0.12	0.08
1.6	208	70	90	0.12	0.56	0.19	0.10
2.0	231	88	109	0.15	0.62	0.26	0.11
2.4	252	97	125	0.18	0.68	0.39	0.12

从图 7-7 可以看出，不同覆土厚度下，窑洞的受力及变形有较为明显的变化。随着覆土厚度的增大，最大等效压应力（均发生在中腿下部）及第一主应力均随之增大，且大致呈线性变化。窑洞各方向的外凸变形亦随之增大，其中 Y 向最大位移、窑脸平面 Z 向最大位移增速较快，X 向最大位移和后墙面 Z 向最大位移随覆土厚度变化的增速较缓且变形总体较小。

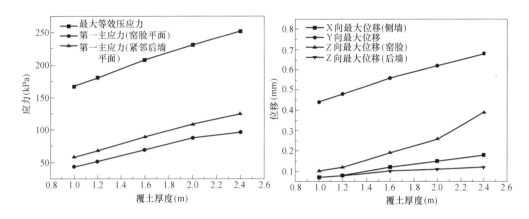

图 7-7　不同覆土厚度下窑洞应力和变形趋势图

7.3.2　窑腿高度

为考察窑腿高度对于窑洞受力和变形的影响，本章依次设定窑腿高度 $h=1.6$m、1.7m、1.8m、1.9m、2.0m，在其他情况保持不变的情况下，可以得到不同覆土厚度下窑洞的最大（Pressure）等效压应力（位于中腿最下部）、窑脸平面和紧邻后墙平面上的第一主应力（单位：kPa），侧墙上 X 向的最大变形、窑脸上 Y 向的最大变形、窑脸上和后墙上 Z 向的最大变形（单位：mm，以外凸变形为正，以内凹变形为负），见表 7-5。

从图 7-8 来看，结构的受力和变形随窑腿高度的增大而略有增长，但影响极其微小，当窑腿高度变化不大时，可以忽略其对窑洞受力和变形的影响。

不同窑腿高度下窑洞的受力和变形　　　　　　　　　　　表 7-5

窑腿高度	最大等效压应力	第一主应力（窑脸平面）	第一主应力（紧邻后墙平面）	X 向最大变形	Y 向最大变形	Z 向最大变形（窑脸）	Z 向最大变形（后墙）
1.6	180	47	68	0.08	0.44	0.11	0.08
1.7	180	50	68	0.08	0.46	0.11	0.08
1.8	181	52	69	0.08	0.48	0.12	0.08
1.9	182	54	70	0.08	0.52	0.13	0.08
2.0	183	57	71	0.09	0.52	0.13	0.08

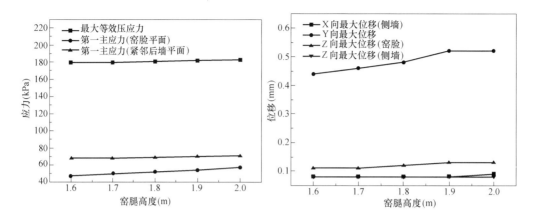

图 7-8　不同窑腿高度下窑洞应力和变形趋势图

7.3.3　拱跨

为考察拱跨对窑洞受力性能的影响，本章依次设定拱跨 $l = 3.0m$、3.2m、3.4m、3.6m、3.8m，在其他情况保持不变的情况下，可以得到不同拱跨的窑洞的最大（Pressure）等效压应力（位于中腿最下部）、窑脸平面和紧邻后墙平面上的第一主应力（单位：kPa），侧墙上 X 向的最大变形、窑脸上 Y 向的最大变形、窑脸上和后墙上 Z 向的最大变形（单位：mm，以外凸变形为正，以内凹变形为负），见表 7-6。

不同拱跨下窑洞的受力和变形　　　　　　　表 7-6

拱跨	最大等效压应力	第一主应力（窑脸平面）	第一主应力（紧邻后墙平面）	X向最大变形	Y向最大变形	Z向最大变形（窑脸）	Z向最大变形（后墙）
3.0	181	52	69	0.08	0.48	0.12	0.22
3.2	193	52	72	0.09	0.51	0.13	0.27
3.4	208	52	78	0.09	0.54	0.14	0.35
3.6	219	52	85	0.09	0.57	0.16	0.45
3.8	246	53	93	0.10	0.61	0.18	0.60

由图 7-9 可知，除窑脸平面的第一主应力、X 向最大位移及窑脸上 Z 向最大位移外，窑洞的应力和变形随着拱跨的增大而有显著增加，尤其要注意的是，随着拱跨的增大，后墙面的外凸变形迅速增大。

7.3.4　中腿宽度

窑洞的中腿相比边腿而言，其宽度要小得多，属于薄弱环节。为考察中腿宽度对窑洞受力性能的影响，本章依次设定中腿宽度 $B = 0.24m$、0.37m、0.50m、0.63m、0.76m，在其他情况保持不变的情况下，可以得到不同中腿宽度下窑洞的最大（Pressure）等效压应力（位于中腿最下部）、窑脸平面和紧邻后墙平面上的第一主应力（单位：kPa），侧墙上 X 向的最大变形、窑脸上 Y 向的最大变形、窑脸上和后墙上 Z 向的最大变形（单位：

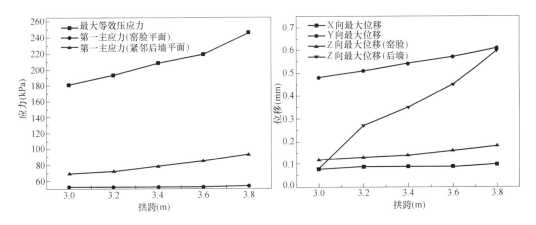

图 7-9　不同拱跨下窑洞应力和变形趋势图

mm，以外凸变形为正，以内凹变形为负），见表 7-7。

不同中腿宽度下窑洞的受力和变形　　　　　　　　表 7-7

中腿宽度	最大等效压应力	第一主应力（窑脸平面）	第一主应力（紧邻后墙平面）	X 向最大变形	Y 向最大变形	Z 向最大变形（窑脸）	Z 向最大变形（后墙）
0.24	226	86	137	0.12	0.63	0.18	0.29
0.37	181	52	69	0.08	0.48	0.12	0.08
0.50	154	37	54	0.08	0.40	0.09	0.20
0.63	133	25	47	0.07	0.34	0.07	0.18
0.76	120	19	41	0.06	0.31	0.06	0.15

从图 7-10 可以看出，随着中腿宽度的增大，窑洞的应力和变形都将显著减小，因此增加中腿宽度于窑洞的受力是有利的。当中腿宽度较小时，窑腿将承受较大的压应力，中腿根部的砖块可能被压坏，窑身将产生较大的沉降，而后墙的沉降则相对而言较为稳定，因此窑身和后墙的沉降差显著增大，可能会导致窑洞在紧邻后墙的拱券部位产生拉裂，从

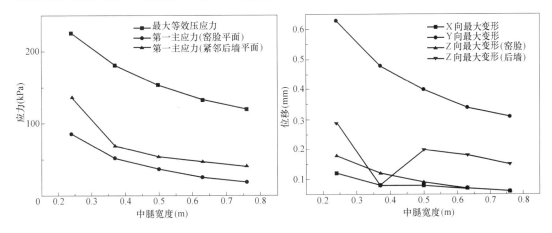

图 7-10　不同中腿宽度下窑洞应力和变形趋势图

图 7-10 也可以看出，当中腿宽度为 0.24m 时紧邻后墙平面的第一主应力迅速增大。

综上所述，在对覆土厚度、窑腿高度、拱跨及中腿宽度进行参数变换分析后，可以得知，窑腿高度的变化对窑洞结构的受力及变形影响极其微小，窑洞结构的受力及变形与覆土厚度、拱跨成正比，与中腿宽度成反比，且变化较为显著。覆土厚度的增大虽然会导致窑洞的受力和变形较大，但是亦可增强结构的稳定性；减小中腿宽度可以提高结构的空间利用率，但是会导致结构的受力和变形显著增大，所以要适当选择覆土厚度和中腿宽度。

本章参考文献

[7-1] 郑妮娜. 装配式构造柱约束砌体结构抗震性能研究 [D]. 重庆大学，2010.

[7-2] 殷园园. 芯柱式构造柱约束砌体结构抗震性能评价 [D]. 重庆大学，2011.

[7-3] 张望喜，段连蕊，廖莎，刘杰. 基于 ABAQUS 的砌体结构动力弹塑性时程分析 [J]. 建筑结构，2016，46（01）：64-70＋86.

[7-4] 刘杰. 基于 ABAQUS 整体式模型下砌体结构抗震性能影响因素研究 [D]. 湖南大学，2014.

[7-5] 周玉婷. 基于数值模拟的砌体结构窗下墙破坏模式研究 [D]. 西安建筑科技大学，2018.

[7-6] 刘桂秋. 砌体结构基本受力性能的研究 [D]. 湖南大学，2005.

[7-7] 文飞. 普通砖砌体墙抗震性能试验及非线性模拟分析 [D]. 太原理工大学，2015.

[7-8] 庄苗. 基于 ABAQUS 的有限元分析和应用 [M]. 北京：清华大学出版社，2009.

第8章

>>>>>>>

窑洞建筑加固技术研究

　　窑洞建筑作为西北黄土高原地区传统民居的典型代表，被誉为"东方一绝"，是一种冬暖夏凉、绿色、环保、无污染、低能耗的建筑形式，它在巧妙地利用和顺应自然环境方面是最好的启示，是典型的节能、节地、节水、节材和环保的绿色生态建筑。全国约有200多个县（市）的3000～4000万人口居住在窑洞建筑里，仅陕西省约有30多个县300万人口仍居住在窑洞建筑里，且部分窑洞村落（图8-1、图8-2）已被列入中国传统村落名录，如咸阳市三原县新兴镇柏社村（地坑窑）、榆林市米脂县桥河岔乡刘家峁村姜氏庄园、《平凡的世界》拍摄地双水村（榆林市绥德县满堂川镇郭家沟村）等。同时，黄土窑洞作为革命文物建筑的典型代表，是1921年中国共产党成立前后到1949年新中国成立这一历史进程中血战奋斗史的重要实物见证，承载了新中国革命文化、革命历史、革命事迹及革命精神等方面的重要信息，是研究革命文物建筑保护及传承的良好素材。全国现存黄土窑洞革命文物建筑（图8-3、图8-4）约1200余处，仅陕西省就保存有835处，且部分建筑已成为驰名中外的红色革命旅游胜地（如延安杨家岭、瓦窑堡、枣园革命旧址、南泥湾、梁家河知青故居、靖边小河会议旧址、旬邑马栏革命纪念馆等）。但是，长期以来窑洞建筑由于受自然环境的影响，在雨水侵蚀和风化等因素的长期作用下，再加上人为的破坏以及保护不够重视，使得窑洞建筑处于土体松动、局部坍塌、节理遍布、渗水漏雨、接口开裂、承载力不足等多种病害缠身的复杂受力状态，甚至有的窑洞处于即将坍塌的危险状态。但由于历史及技术原因，我国在既有窑洞建筑的维护修缮技术等方面研究较少，技术落后，往往是"头痛医头，脚痛医脚"，抢救性加固处理研究较多，以致对大多数具有文物价值和绿色节能价值的窑洞建筑保护不到位。本章通过课题组进行的科学试验研究以

图8-1　绥德党氏庄园

图8-2　柏社村地坑窑

图 8-3 小河会议旧址

图 8-4 枣园革命旧址

及工程实践项目，系统总结了施工简便、科学合理、经济有效的土窑、石窑、砖窑的加固技术方法，为全面提升我国革命文物及传统民居窑洞建筑的安全水平、提升结构性能提高技术保障，使有革命文物保护价值和民族地域特色传承价值的窑洞建筑达到超长延寿、久远传承的目的。

8.1 黄土窑洞加固方法

8.1.1 地基加固

地基加固是为了防止地基的破坏而引起窑洞上部结构的破坏，与现有混凝土结构、砌体结构地基加固可以顶升、纠偏不同，窑洞建筑地基加固只能使得建筑物地基保持原有的状态而不至于继续发生沉降，并保证具有足够的承载力，提高窑洞建筑的整体稳定性并延长使用寿命。

（1）黄土湿陷性是诱发地基不均匀沉降的主要原因之一，针对这一病害可采用生石灰挤密桩法进行加固。生石灰挤密桩加固湿陷性黄土是通过生石灰吸水膨胀产生横向压力，使桩周土体压缩、固结、脱水来达到提高地基强度的目的[8-1]。具体做法如下：在距窑腿外 1m 宽的范围内采用梅花形布置两排灰土挤密桩（图 8-5），桩径 150mm，桩长约

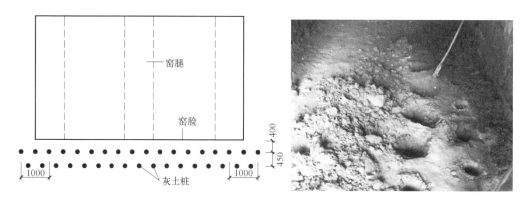
图 8-5 灰土桩布置图

1.5m，采用洛阳铲即可成孔；填料时，要保证生石灰未吸水受潮，且尽量使用块状或颗粒状生石灰，其中生石灰最大颗粒不应超过孔径的三分之一，粉末不应超过 20％（质量比），每次孔内填料高度不应超过 200mm，并且每次填料完成后进行夯实；加固完成后要对加固区域进行合理找坡并做混凝土散水处理，形成有组织的排水系统，以防止该区域受雨水侵蚀破坏[8-2]（图 8-6）。

图 8-6　灰土桩施工现场

（2）对于因周边环境造成排水不畅而引起的地基沉降，应重新修建合理的排水设施，并去除周边影响排水效果的杂草或树木。若地基周边存在滑坡地带，还应进行边坡加固处理，以防滑坡引起严重的次生灾害。

8.1.2　窑脸加固

窑脸长期在雨水侵蚀和风化作用下易发生局部掉块和坍塌病害。当窑脸破损程度较轻时，可采用重新涂抹草泥进行防护，并在窑脸顶部采用石棉瓦或复合聚酯瓦做挑檐；若窑脸侵蚀风化严重或局部出现坍塌时，宜采用烧结实心砖或块石和水泥砂浆重新砌筑窑脸（图 8-7）。砌筑时应从底部砌至顶部，并设置 1/10 的斜坡；基底素土要进行夯实处理并铺设 20mm 厚混凝土垫层，在地面以下 0.5m 至地面以上 0.9m 砌筑 370mm 厚的砖墙，其余窑面可采用 240mm 厚砖墙；在窑顶还应设置 600mm 高、240mm 厚的压顶女儿墙[8-2]（图 8-8）。窑脸加固现场如图 8-9 所示。

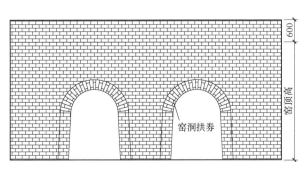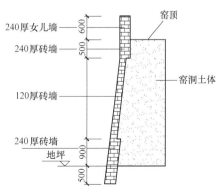

图 8-7　窑脸加固示意图　　　　图 8-8　窑脸加固剖面图

图 8-9　加固施工现场

8.1.3　接口处环向开裂歪闪加固

根据窑洞实际尺寸将方钢管冷弯成钢拱支架，钢拱支架沿窑洞进深方向布置，间距为 1.5～1.8m，实际间距要根据窑洞尺寸大小确定，接口区域需设一拱支架，每拱支架间拱券部位采用槽钢梁进行连接，地面处横向、纵向均采用方钢管连接，将每拱支架焊接成整体。在接口区域的槽钢梁上均匀设置长 25～30cm、Φ25 的锚固钢筋，锚固钢筋一端嵌入砖或石接口的缝隙中，另一端与槽钢梁焊接固定（图 8-10、图 8-11）。钢拱架安装前需对窑洞地面进行夯实处理，窑壁要清理风化剥落的土体并抹水泥砂浆，接口区域清理表层泥皮即可；加固完成后对地面处型钢进行覆土回填并夯实处理，支架与窑壁间间隙采用砂浆填充并对窑壁进行粉刷处理。

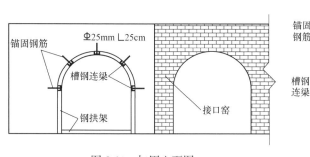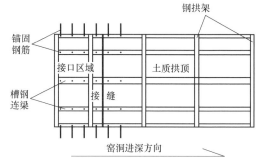

图 8-10　加固立面图　　　　　　　　　图 8-11　加固平面图

8.1.4　拱券裂缝局部置换加固

窑洞内部由于渗水、四季交替温度应力循环、干缩作用，再加上黄土自身的缺陷，在拱券不同位置产生宽度、长度不一的裂缝，有的甚至产生掉块（图 8-12），此时可采用剔除裂缝或掉块区域，代之以木质工字撑[8-3]、胡墼[8-4]、砖块并采用楔子施加预应力，使其与原结构融为一体，可有效限制已有裂缝的进一步发展，解决由于窑拱裂缝发展而造成的拱券坍塌问题。

图 8-12　土窑内部拱券损伤情况

胡墼、砖块、工字撑置换加固技术用材简单，取材方便，施工工艺简单，实施性强，与生土窑居结构紧密结合、浑然一体，没有增加原结构的额外尺寸，利于保持原结构的使用空间，且对于生土窑居原结构扰动较小，施工安全性高。采用本技术加固出现裂缝的窑洞可有效限制已有裂缝的进一步发展，解决生土窑居由于窑拱裂缝发展造成的结构坍塌问题。在生土窑居窑拱局部裂缝形成初期，采用本技术对其只进行少量局部加固，既可保证窑拱正常的力流传递，又可有效缓解窑拱其他部位裂缝的产生，事半功倍，效果显著（图 8-13～图 8-18）。

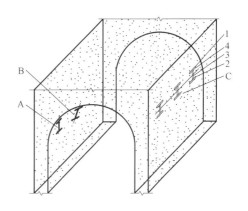

图 8-13　工字撑结构示意图

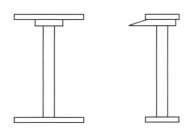

图 8-14　木质工字撑正、侧立面示意图

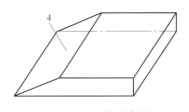

图 8-15　木楔示意图

图 8-16　工字撑置换施工现场

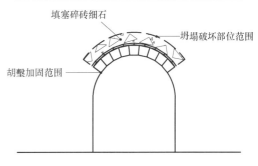

图 8-17　胡墼置换示意图

图 8-18　胡墼置换施工现场

8.1.5　合理拱轴线＋砖券法拱券坍塌加固[8-5,8-6]

窑洞拱券出现大面积坍塌或整体塌陷时，可采用基于合理拱轴线＋砖券法的整体加固方法。根据拱结构的受力理论，窑洞上部拱券一般受剪力、轴力和弯矩的共同作用，但拱券的拱轴线存在一个特定曲线，可使拱券所受剪力和弯矩理论值为零，而仅承受轴力作用，该特点曲线称之为合理拱轴线，此时为拱券的最佳受力机制，拱结构最安全[8-7]。

对于既有黄土窑洞而言，其拱顶上部土体多数存在拉应力，在土体力学性能 c、ϕ 发生改变后或者外荷载作用下，窑洞的拱顶处容易发生局部坍塌乃至整体坍塌。本书基于结构力学中的合理拱轴线原理，通过削土方式改变既有黄土窑洞的拱券形状（即拱轴线），使得既有黄土窑洞的拱券形状达到一种最佳的合理拱轴线，从而保证拱券顶部不存在受拉区，避免外力作用下、窑洞土体含水率变化下黄土窑洞因抗拉不足发生坍塌。该加固方法的流程如图 8-19 所示。

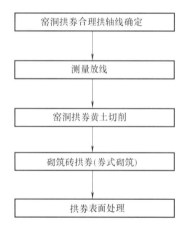

图 8-19　加固方法流程图

（1）窑洞拱券合理拱轴线确定：结合待加固黄土窑洞的几何参数，可根据下列公式对所述待加固黄土窑洞中拱券的合理拱轴线进行确定[8-8]。

$$y = f(x) = \frac{f}{m-1}\left(\mathrm{ch}\sqrt{\frac{\gamma}{H}}x - 1\right) \tag{8-1}$$

式中：y——合理拱轴线的方程；

　　　f——待加固窑洞拱券的矢高；

　　　l——待加固黄土窑洞中拱券跨度；

　　　γ——待加固黄土窑洞中拱券上覆黄土的平均容重。

$$H = \frac{gl^2}{4(\mathrm{arcch}^{-1}m)^2} \tag{8-2}$$

$$m = \frac{h + f}{h} \tag{8-3}$$

式中：h——待加固黄土窑洞侧墙高度。

（2）测量放线：根据式（8-1）中所确定的合理拱轴线方程 $y = f(x)$，在所述待加固黄土窑洞的窑洞口外侧进行测量放线。进行测量放线时，以待加固黄土窑洞的窑洞口底部中点作为坐标原点，以窑洞口底部所处直线作为 X 轴，窑洞口的竖向中心线为 Y 轴建立平面直角坐标系；根据建立的平面直角坐标系，和合理拱轴线方程，确定所述拱券的合理拱轴线。对测出的合理拱轴线进行标记时，采用墨斗在待加固黄土窑洞的窑脸上弹出所述合理拱轴线。

（3）窑洞拱券土体切削：根据步骤（2）中测定的合理拱轴线，采用切削设备对所述待加固黄土窑洞中拱券上部的黄土进行切削，获得切削后窑洞（图 8-20）。

（4）券砖：将切削部位周边采取临时支撑措施，从下往上砌筑砖券，砖为券式砌筑（图 8-20）。

图 8-20　土窑拱券切削及砌筑砖券

（5）拱顶面粉刷处理。完成窑洞拱券土体切削后，还需处理切削面避免掉土渣。将玻璃纤维网格布或纤维网铺设在新切削的拱券面上，用 8～10cm 长的钢钉将其固定，钢钉间距 40～50cm，用厚度为 5～8mm 的底灰（828、水泥灰、麻刀灰、白灰都可）覆盖纤维布/网，待底灰晾干后，采用腻子刮白即可。

本加固方法与现有技术方法相比具有以下优点：

（1）该方法步骤简单、设计合理且实现方便，投入施工成本低，所采用的施工设备少。

（2）施工简便且施工周期短、施工效率高，主要包括窑洞拱券合理拱轴线确定、测量放线、窑洞拱券土体切削和加固装置安装四个步骤，经窑洞拱券土体切削，将待加固黄土窑洞的拱券拱形变成合理拱轴线的形状，即可达到加固拱券顶部（即拱顶）塌落的黄土窑洞的目的，加固后的窑洞稳定性好且成本低。

（3）切削面所采用的处理方式简单合理，投入成本较低。施工方便，周期短且效率高，省工省时。

（4）砖券构造可使其稳定承力，砖券初期依靠填土及砂浆的粘结力粘结在窑室土体上，成拱后在重力的作用及上覆土体的作用下会产生向下的移动，这时由于砖券为楔形上大下小，在向下移动时会相互楔紧而使移动停止，拱体连接越来越紧密，越来越稳固。其次，砖券通过填充物与原拱券土体充分接触，替代塌落土体承担上部土体的荷载，砖券受力性能优于原始土拱，因此拱券力学性能得到提升。

（5）推广应用前景广泛，充分利用拱结构受力原理，能对既有黄土窑洞进行简便、快速加固，并且投入成本低，经济实用。

综上所述，本方法步骤简单、设计合理且实现方便、使用效果好，能简便、快速对黄土窑洞进行有效加固。

8.1.6 窑腿置换加固法

靠崖式或下沉式窑洞窑腿为原状黄土，在风化、冻融、节理作用、雨水侵蚀或浸泡下土体结构发生破坏，窑腿局部土体剥落或坍塌，窑腿截面尺寸减小，此时可采用胡墼或砖块置换加固的方法（图 8-21）。

图 8-21　砖块置换法加固窑腿施工现场

8.1.7 水玻璃及铁丝网的黄土窑洞抗震加固方法

根据对黄土窑洞震害调查发现，地震作用下，黄土窑洞的典型破坏形态为拱顶约 1/2 拱跨高度范围内覆土的"X"形剪切破坏（即 X 形剪切破坏），如图 8-22 所示。可采用水玻璃灌注修复方法进行加固，将原状土、水玻璃、水采用质量比 100：4：4 进行搅拌，并静置 2h，在窑顶上覆土开裂区域以及其他裂缝用水玻璃灌注修复，每个裂缝灌注到返浆为止（图 8-23）。

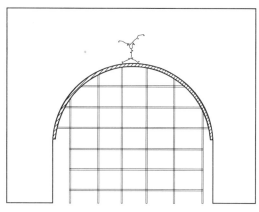

图 8-22　黄土窑洞典型震害　　　　　图 8-23　注射水玻璃加固方法

8.1.8 黄土窑洞正常使用性能维护方法

当黄土窑洞出现影响正常使用、不至于产生安全隐患的损伤时，也应采取一定的处理措施。

（1）当窑内出现墙皮、粉层剥落、掉渣时，可采取以下几种方法进行处理：重新粉刷、窑内墙体钉尼龙布或轻质塑料薄板。

（2）当窑内出现轻微渗水时，可采取窑内墙体钉轻质塑料薄板的方法处理。

（3）当窑顶出现轻微渗水时，还可采用碾子定期对窑顶面土体进行碾压，提高土体的密实度，减少渗水。另外，还需定期对窑顶面的杂草、蚂蚁孔洞等进行清除。

8.2 砖、石独立式窑洞加固方法

8.2.1 窑脸歪闪加固

窑脸局部病害主要表现为轻微开裂和外倾。当窑脸局部轻微开裂时，对窑洞主体结构的整体稳定性不产生影响，可采用环氧树脂胶或水泥砂浆进行灌封处理；针对窑脸外倾，可采用钢筋楔子进行加固（图8-24）。延安市宝塔区的实际加固工程中，采用直径为16mm的螺纹钢筋制作成1.5～2.0m长的钢筋楔子，一端打磨成尖状，另一端刻丝并拧上螺母；现场安装时首先要在加固区域进行定位，并采用直径为24mm的钻头将窑脸砖墙穿透，然后将上述加工好的钢筋依次植入。该加固方法主要是将窑脸外倾部位与窑洞主体形成整体，保证加固后窑脸与窑洞主体变形协调。如图8-24所示。

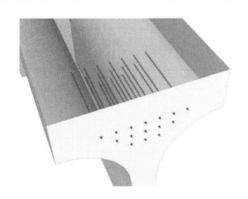

图8-24 钢筋楔子加固

同时，还可以采用新增砖/石砌窑脸的方法来加固既有窑脸的歪闪变形（图8-25），其施工工艺如下：

（1）将原有窑脸墙外放1.5m范围内地基土采用石灰桩加固，石灰桩孔径约为10cm，孔深至少1.5m，桩孔梅花状布置，孔间距1.5m。石灰桩打完后，将复合地基夯实，压实系数不小于0.97。

（2）从原窑脸根部外边缘50cm宽度范围内，在复合地基上浇筑10cm厚素混凝土垫层。

（3）在混凝土垫层上砌筑直角梯形接口砖/石墙，底部墙厚至少 50cm，斜边角度不宜大于 80°，上部墙厚至少 30cm，每隔 50cm 设置一道拉结筋；保证顶面新旧窑脸 5 皮砖咬槎砌筑。

（4）在新旧窑脸顶面凿 8cm×8cm×10cm 的剪切键，纵横向间距分别是 60cm 和 20cm，并在剪切键中预埋拉结筋。

（5）铺设扁平冠梁的表层钢筋网Φ8@200，浇筑扁平冠梁，尺寸为 540mm×180mm。

（6）在顶面扁平冠梁上砌筑花篮墙。

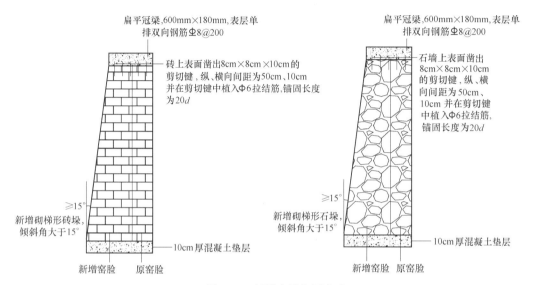

图 8-25　新增窑脸加固方法

8.2.2　两端侧窑腿歪闪加固

对于独立式砖窑或石窑边窑腿歪闪，可采用新增抗推边腿（扶壁墙）的方法进行加固（图 8-26）。具体施工工艺如下：首先应对抗推边腿下部 2m 范围内的地基进行加固处理，可采用生石灰桩加固，地基处理完成后浇筑厚 20mm 的水泥砂浆垫层；抗推边腿可采用石块或烧结实心砖和 M10.0 水泥混合砂浆进行砌筑，砌筑方式为分格砌筑；边腿厚约 60cm，相邻边腿间距 3.5～4.0m。因窑腿歪闪而产生的裂缝还需采用环氧树脂胶或水泥砂浆进行灌封。新增扶壁墙加固效果如图 8-27 所示。

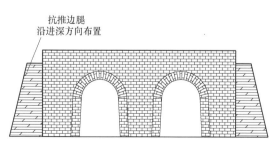

图 8-26　抗推边腿加固

图 8-27　新增扶壁墙加固效果

8.2.3　型钢内支架砖石拱券加固

型钢内支架可采用槽钢进行加工，笔者在此采用轻型热轧槽钢进行介绍，具体的加固工艺要求如下：槽钢内支架分为 3 段，两竖直段为立柱，中间为弯曲成拱券形状的弯曲段，每段端部有端板，端板之间采用螺栓连接；弯曲段需根据实际窑洞尺寸将槽钢翼缘处切割成若干小三角形切口，切口边缘处宽 25～30mm，其拱顶位置必须设置一个切口（图8-28）。笔者建议槽钢切割前要进行精准画线，条件许可的情况下应在工厂进行制作，现场再根据窑洞实际尺寸弯曲成拱，槽钢翼缘切割三角形的个数可根据式（8-4）计算。型钢支架加固施工现场如图 8-29 所示。

$$n = \frac{\pi b}{m} \tag{8-4}$$

式中：n——翼缘一侧切割三角形个数；

　　　b——槽钢翼缘宽；

　　　m——三角形切口边缘处宽。

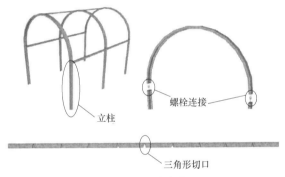

图 8-28　型钢支架加固

图 8-29　型钢支架加固施工现场

槽钢支架立柱下需设混凝土基础，混凝土基础与立柱间可通过预埋螺栓进行连接；支架安装前还需清理窑洞内壁墙面并抹水泥砂浆厚约 20mm，然后在具体位置安装加工好的槽钢支架，每道支架间采用型钢进行纵向连接，以增强整体稳定性；安装完成后将槽钢翼缘处切口焊接成整体，支架与窑壁间间隙进行填充并整体粉刷整齐。

8.2.4　钢筋网-混凝土内衬法加固

该加固方法主要应用于独立式砖窑或石窑的拱券整体加固。钢筋网片的纵向和横向钢筋均采用$\phi 8@250$，混凝土面层采用 C30 或 C35 的细石混凝土，厚度 60～80mm（图 8-30、图 8-31）。具体施工工艺如下：在加固施工前，将窑体表面的浮土清理干净，用片石或木楔将松动的拱券砖缝或石缝镶嵌紧密，然后将长度为 120mm 的 L 型钢筋（$\phi 8$）锚固到拱券的缝隙中，锚固钢筋采用梅花型布置；锚固完成后绑扎钢筋网片并与 L 型锚筋进行绑扎连接；最后喷射混凝土面层，混凝土面层应分层进行喷射施工，首遍宜喷射水泥浆液，以填充砖块或石块之间的缝隙，同时包裹砖块或石块，待水泥浆液硬化后进行细石混凝土喷射施工，为保证喷射效果该工序同样分层进行。

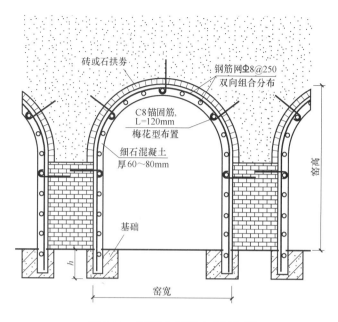

图 8-30 钢筋网-混凝土内衬加固

图 8-31 钢筋网-混凝土内衬加固施工现场

8.2.5 粘钢法加固拱券

钢带加固系统采用宽 50mm 厚 2mm 的钢带，沿窑洞进深方向间隔布置，间隔距离 250mm，共设置 6 道。具体施工工艺：①对拱券内部裂缝进行清灰处理；②对裂缝进行注胶；③喷水湿润拱券，确定钢带安装位置，并在钢带安装位置用砂浆填缝找平；④在砂浆层上涂抹粘钢胶，并安装钢带；⑤在钢带预设孔位处钻孔，并清孔；⑥安装化学锚栓，固定钢带；⑦中孔钢带端部锚入钢筋混凝土夹板墙内，东孔钢带端部与边窑腿内侧根部钢板焊接。如图 8-32 所示。

8.2.6　挂网砂浆带加固拱券

挂网砂浆带加固系统采用宽 200mm、厚 10mm 的抗裂砂浆带，沿窑洞进深方向间隔布置，间隔距离 150mm，共设置 5 道。具体施工工艺：①对拱券内部裂缝进行清灰处理；②对裂缝进行注胶；③清理拱券表面灰尘，确定挂网砂浆带安装位置，铺设钢丝网，并按规定间距布设锚筋固定；④喷水湿润拱券并涂素水泥浆；⑤抹面层抗裂砂浆并养护。如图 8-33 所示。

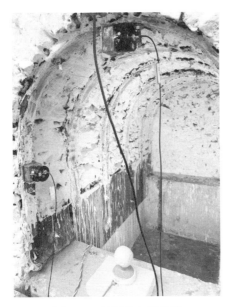

图 8-32　粘钢法加固拱券　　　　　图 8-33　挂网砂浆带加固拱券施工现场

8.2.7　窑顶渗水加固

独立式窑洞上覆土层厚度通常较薄，在雨水侵蚀和冲刷作用下易发生渗漏和水土流失现象。对于窑顶的加固，首先应去除窑顶上的杂草和树根并进行修整，从而减少水流渗透路径，若发现局部渗漏裂缝，应挖出局部原状土并采用 500mm 厚 3：7 灰土和 500mm 厚素土分层夯实，夯实系数分别不小于 0.95 和 0.97；然后从窑洞的正面向背面放坡，铺设防水卷材或加盖水泥瓦做防水面层，并在窑顶后部设置排水沟，形成有组织的排水系统；窑洞的山墙两侧沿窑顶坡度用砖或石块砌筑；窑洞正面檐口设置挑梁，挑梁上加盖薄石板，薄石板外挑与内嵌长度比约 5：7，在薄石板内嵌上部还需砌筑花篮墙进行压顶。如图 8-34 所示。

同时，在有些农村住户中，采用在屋面搭设简易彩钢板的方法进行窑顶防水处理，同时还兼有储藏功能。

8.2.8　砖、石独立式窑洞整体稳定性加固方法

对于砖、石独立式窑洞来说，由于窑洞前后左右均临空，无有效支撑或约束，两侧边窑腿受窑顶覆土荷载影响会产生水平推力，前后两侧窑脸受填土侧压力产生一定的歪闪或

图 8-34 屋面防水处理

鼓胀；另外，当四周墙体地基发生轻微沉降时，前后窑脸及两侧边窑腿均会产生不同程度的歪闪或倾斜变形。

8.2.8.1 现浇钢筋混凝土屋面板提升砖、石独立式窑洞整体性能的加固方法

为提升砖、石独立式窑洞的整体性能，加强砖、石独立式窑洞四周墙体的稳定性，张风亮[8-9] 提出了一种方法步骤简单、设计合理且实现方便、使用效果好的既有砖、石独立式窑洞整体性能的加固方法，能简便、快速对砖、石独立式窑洞进行整体性加固（图8-35）。具体施工工艺如下：

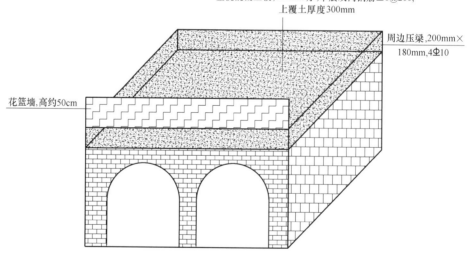

图 8-35 加固示意图

（1）将上部覆土整平、夯实，压实系数不小于 0.94，再铺一层约 30cm 厚的 3：7 灰土，并将灰土夯实，压实系数不小于 0.97。

（2）将两侧边窑、前后窑脸的上部花篮墙拆除，拆除后墙体上表面标高比灰土上表面标高低 8cm。

（3）在两侧边窑、前后窑脸墙体上表面每隔 50～60cm 剔凿一 8cm×8cm×10cm 的洞

作为抗剪键。

（4）绑扎钢筋网：周边压梁配筋为 4Φ10，板单层配筋为 X：Φ8@200、Y：Φ8@200。

（5）采用抗渗等级为 P8 的抗渗混凝土，整体一次性浇筑周边压梁及屋面板，板厚为 10cm，梁截面尺寸为 200mm×180mm。

（6）在前侧压梁上砌筑花篮墙，每隔 50cm 设置一道Φ6 拉结筋，并在混凝土板上覆盖 30cm 的覆土并夯实至压实系数不小于 0.94。

8.2.8.2　碳纤维网改善砖、石独立式窑洞整体性能的加固方法

为提升砖、石独立式窑洞的整体性能，加强砖、石独立式窑洞四周墙体的稳定性，张风亮[8-10] 提出了一种方法步骤简单、设计合理且实现方便、使用效果好的既有砖、石独立式窑洞整体性能的加固方法，能简便、快速对砖、石独立式窑洞进行整体性加固（图 8-36）。具体施工工艺如下：

（1）将上部覆土整平、夯实，压实系数不小于 0.94；

（2）将两侧边窑、前后窑脸的上部花篮墙拆除；

（3）在两侧边窑、前后窑脸墙体上表面每隔 50～60cm 剔凿一 8cm×8cm×10cm 的洞作为抗剪键；

（4）绑扎钢筋网：周边压梁配筋为 4Φ10；

（5）压梁浇筑及碳纤维网预埋、锚固：当压梁浇筑高度 10cm 时，将碳纤维网平铺于屋面，四周伸出压梁外 10cm，再浇筑 5cm 厚混凝土时，将伸出碳纤维网锚固于梁内，继续浇筑剩余 3cm 厚混凝土。

（6）在前侧压梁上砌筑花篮墙，每隔 50cm 设置一道Φ6 拉结筋，并在碳纤维网上覆盖 30cm 的覆土并夯实至压实系数不小于 0.94。

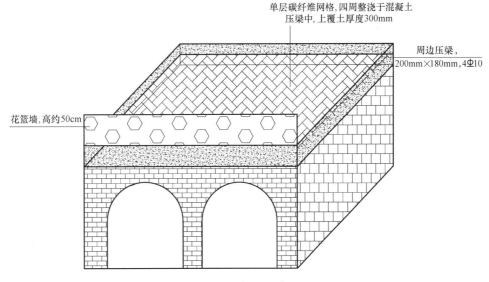

图 8-36　加固示意图

8.2.8.3　钢拉索改善砖、石独立式窑洞整体性能的加固方法

为提升砖、石独立式窑洞的整体性能，加强砖、石独立式窑洞四周墙体的稳定性，张风亮[8-11] 提出了一种方法步骤简单、设计合理且实现方便、使用效果好的既有砖、石独

立式窑洞整体性能的加固方法，能简便、快速对砖、石箍窑进行整体性加固（图 8-37）。具体施工工艺如下：

（1）将上部覆土整平、夯实，压实系数不小于 0.94；

（2）将两侧边窑、前后窑脸的上部花篮墙拆除；

（3）在两侧边窑、前后窑脸墙体上表面每隔 50～60cm 剔凿一 8cm×8cm×10cm 的洞作为抗剪键；

（4）绑扎钢筋网：周边压梁配筋为 4Φ10；

（5）压梁浇筑及钢拉索预埋、锚固：当压梁浇筑高度 10cm 时，将钢拉索一端预埋于压梁中，钢拉索端部锚固长度保证至少 15d，纵横向钢拉索平铺于屋面，另外一端钢拉索伸出压梁外 15cm，再浇筑 8cm 厚混凝土，混凝土锚固端的初始锚固借助于木模板锚固，待强度达到 75％后拆除模板再采用锚具进行固定；

（6）在前侧压梁上砌筑花篮墙，每隔 50cm 设置一道Φ6 拉结筋，并在碳纤维网上覆盖 30cm 的覆土并夯实至压实系数不小于 0.94。

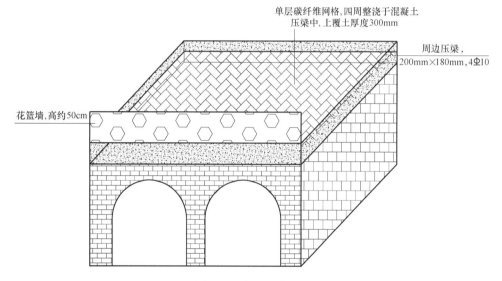

图 8-37　加固示意图

8.2.8.4　聚丙烯打包带网水泥砂浆面层的砖、石独立式窑洞整体性能加固方法

为提升砖、石独立式窑洞的整体性能，张风亮[8-12] 提出了一种基于聚丙烯打包带网水泥砂浆面层的砖、石独立式窑洞整体性能加固方法，该方法经济简单、设计合理且实现方便、使用效果好的既有砖、石独力式窑洞整体性能的加固方法，能简便、快速对砖、石独立式窑洞进行整体性加固（图 8-38）。具体施工工艺如下：

1. 裂缝处理

大裂缝进行环氧树脂灌注，小裂缝进行封缝处理。裂缝处理前应对裂缝的灰尘进行清理，保证裂缝无灰尘以确保环氧树脂灌注和封缝处理的预计效果。

2. 原砌体结构基层处理

涂抹砂浆前应对砌体结构表面进行素混凝土涂抹处理，并将表面清理干净，以确保涂抹面无浮尘、疏松物及油污，给墙面洒水以保持涂抹面充分湿润。提前润湿时间根据基材

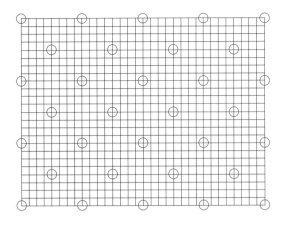

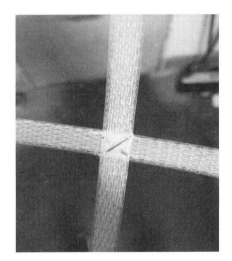

图 8-38　聚丙烯打包带网加固砖、石独立式窑洞

的吸水性强弱和环境（温度、湿度、风）而定。基层处理的要求如下：尽量采用高压水枪冲洗基材表面，充分去除灰尘、杂物和松散层，拒绝简单冲洗，以免影响素混凝土与基材间的粘结强度。

3. 涂抹砂浆拌制

制砂浆时水泥：砂子＝1：4，需水量为砂重量的 18.6%～22.8%，用水量需根据施工环境温度进行调整，搅拌时间为 10～15min，至砂浆混合均匀，并具有一定的黏稠度。混合好的砂浆需静置 1min 并在施工前重新搅拌 10s。在施工流程开始后，不要添加额外的水。

4. 结构表面涂抹界面剂（水泥砂浆）

在粗糙的结构表面涂抹第一层砂浆，第一层砂浆的厚度依据设计要求而定，取 0.5cm，不宜过厚，要确保涂抹后砂浆的平整度。一定要注意涂抹的均匀程度，不要出现漏底的现象。

5. 打包带网格编制

打包带材料选用宽 11mm 新料机用透明 PP 聚丙烯打包带进行加固。将带状打包带编成 100mm×100mm 网格状，网格交点处利用热熔棒加热粘合或订书机进行固定编制成打包带网。

6. 在砂浆上铺设打包带网格

打包带网格需铺设在未表干的界面砂浆上，每隔 600mm 进行固定打包带，梅花状布置；掌子面里外、中窑腿两侧用 6mm 的穿插钢筋穿两边弯钩固定打包带，侧边窑腿用水泥钉固定。同时在窑顶往下 100mm 处对窑洞四周进行加固，宽度为 200mm，用水泥钉固定，类似圈梁。

打包带网格铺好后需用抹子将其按压入界面砂浆层中，使网格与砂浆粘合。施工过程中：

（1）需保证加固的打包带尽可能地拉紧；

（2）对顶部施工，推荐开始时即对打包带进行临时固定，以避免滑移；

（3）确保摊涂抹表层砂浆铺完成后，整个打包带网格表面的平整度。

7. 涂抹表层砂浆

待打包带网格铺摊完毕后立即涂抹表层砂浆固定网格，每层厚度 1.5～2cm，涂抹 2 遍，要避免涂抹得过厚，确保涂抹完成后，无网格外漏及整个加固结构表面的平整度。需保证第一层砂浆和第二层砂浆在同一天进行施工。

8. 表面平整

用泥铲或刮板将表面砂浆平整，如发现有砂浆厚度不满足要求的情况，需要进行局部修补，最后进行压光。

9. 砂浆的养护和表面处理

涂抹完毕后，进行养护，养护时需保证一定的湿度，养护 7d 后，即可进行表面的外装修或涂装处理。

10. 施工注意事项

（1）旧砌体结构表面应充分湿润，避免砂浆涂抹到原结构后，在新旧结合面处水分很快被吸干，使界面处砂浆不能充分水化而影响砂浆结合力。

（2）控制砂浆中的水灰比，水太多造成浆料流淌，不能大量的粘挂到基材上，反之，水太少会造成涂抹性能差等问题。此外，砂浆的黏度与搅拌时间有关，砂浆搅拌时间应在 10min 以上，拒绝简单搅拌后即施工，搅拌时间太短造成砂浆混合不均匀、黏度低、浆料流挂等问题。

（3）网格粘贴时，避免打包带网格在弯矩和受力较大处搭接，以免影响加固效果，顶部施工时，每层砂浆不宜涂抹太厚。

（4）对于初次使用涂抹砂浆的施工人员，可借助标有一定刻度的钢条、钢丝或者通过预先拉设限位线控制砂浆的涂抹厚度。

8.2.8.5　配筋砂浆带的砖、石独立式窑洞整体性能加固方法

为提升砖、石独立式窑洞的整体性能，可采用一种基于配筋砂浆带的砖、石独立式窑洞整体性能加固方法，该方法经济简单、设计合理且实现方便、使用效果好的既有砖、石独立式窑洞整体性能的加固方法，能简便、快速对砖、石箍窑进行整体性加固（图 8-39）。具体施工工艺如下：

对于整个窑洞的整体性破坏，本次试验拟环绕窑洞顶部设置 108 胶配筋砂浆带。砂浆带宽 50mm，厚 15mm，采用 M15 砂浆，其内部设置 3Φ4 钢丝，并在墙体四周通过锚入 L 形铁丝使得钢丝与墙体可靠连接，L 形锚固铁丝的间距不大于 600mm。

108 胶配筋砂浆带施工工艺：①确定砂浆带安装位置；②凿平相应位置，并清灰；③喷水湿润墙体，108 胶砂浆填缝找平；④铺设铁丝，并按规定间距布设锚筋固定；⑤抹面层 108 胶砂浆。

图 8-39　配筋砂浆带加固箍窑

8.2.9　填土支撑＋抽木棍法重新砌筑整体坍塌石窑方法

对于一些整体坍塌而需复原革命文物建筑或重要传统民居的砖、石箍窑，可采用在拟箍券洞填满带有木棍的土体，拟充当砖石箍窑的模板，带窑体箍好硬化后，可将木棍抽取，从而将填充土体抽调。如图 8-40 所示。

8.2.10　砌体开裂加固方法

对于窑脸或侧墙、背墙开裂的砖石砌体，可采用压力灌浆，裂缝宽度小于 3mm 的采用环氧树脂胶，裂缝宽度大于 5mm 时可采用环氧水泥浆灌缝。

8.2.11　砖、石独立式窑洞正常使用性能维护方法

当砖、石独立式窑洞出现影响正常使用、不至于产生安全隐患的损伤时，也应采取一

图 8-40　施工现场

定的处理措施。

（1）当窑脸、窑内出现墙皮、粉层剥落、掉渣、泛碱、灰浆面层空鼓时，可采取：水泥砂浆打底，重新粉刷、窑内墙体钉尼龙布或轻质塑料薄板。

（2）当窑内出现轻微渗水时，可采取窑内墙体钉轻质塑料薄板的方法处理。

（3）当挑檐石板破损严重时，可将挑檐处原有尺寸不够的石板进行拆除，用 1m 宽、4cm 厚石板代替，石板应外挑 70cm，内嵌 50cm，上砌筑宽 120mm 花篮墙，花篮墙高度根据实际情况确定（2 个梅花口），花篮墙后砖砌 120 挡土墙，高度同花篮墙高度。

（4）当窑顶出现轻微渗水时，还可采用碾子定期对窑面土体进行碾压，提高土体的密实度，减少渗水。另外，还需定期对窑面的杂草、蚂蚁等进行清除。

本章参考文献

[8-1]　韩玉峰. 生石灰挤密桩加固软土地基的设计方法 [J]. 山西建筑，2007.

[8-2]　胡晓锋，张风亮，薛建阳，朱武卫，刘帅，戴梦轩. 黄土窑洞病害分析及加固技术 [J]. 工业建筑，2019，49（01）：6-13.

[8-3]　童丽萍，刘强，赵红垒，张琰鑫，孙凌帆，张敏，邬伟进，王亚博，刘俊利，赵龙，谷鑫蕾. 生土窑居窑拱裂缝工字撑局部加固方法 [P]. CN104763440A，2015-07-08.

[8-4]　曹源，童丽萍，柳帅军，姬栋宇，张焱鑫，任玲玲，陈瑞芳，宋淑芳，魏素芳. 生土窑居拱券错位的加固方法 [P]. CN101748902A，2010-06-23.

[8-5]　张风亮. 基于力学原理及新增砖拱券的黄土窑洞加固方法 [C]. 中国老教授协会土木建筑专业委员会、北京交通大学. 第十二届建筑物建设改造与病害处理学术会议论文集. 中国老教授协会土木建筑专业委员会、北京交通大学：施工技术编辑部，2018：87-89.

[8-6]　张风亮，高宗祺，朱武卫，陆建勇，田鹏刚，戴军. 一种既有黄土窑洞的加固方法 [P]. CN105133850A，2015-12-09.

[8-7]　杨茀康. 结构力学 [M]. 北京：高等教育出版社，1998.

[8-8]　建筑结构静力计算手册编写组. 建筑结构静力计算手册 [M]. 北京：中国建筑工业出版社，1998.

[8-9]　张风亮，赵湘璧，杨焜，周庚敏，刘钊，胡晓锋，潘文彬，刘栩豪，周汉亮，刘帅. 基于现浇钢筋混凝土屋面板的砖石箍窑加固方法 [P]. CN109403652A，2019-03-01.

[8-10]　张风亮，赵湘璧，周汉亮，刘帅，周庚敏，刘栩豪，潘文彬，刘钊，胡晓锋，杨焜. 采用碳纤维网改善窑洞整体稳定性的砖石箍窑加固方法 [P]. CN109403653A，2019-03-01.

[8-11]　张风亮，朱武卫，田鹏刚，边兆伟，贠作义，史继创，刘岁强，李嘉俊，陈力莹，王昕岚. 采用钢拉索改善窑洞整体稳定性的砖石箍窑加固方法 [P]. CN109403651A，2019-03-01.

[8-12]　张风亮，田鹏刚，毕虹，李妍，边兆伟，高亦男. 基于打包带编织网的既有砌体墙加固结构 [P]. CN204850523U，2015-12-09.